示范性软件学院联盟软件工程系列教材

教育部－华为公司产学合作协同育人项目成果

计算机组织与结构实验教程

——基于鲲鹏处理器

○ 赖晓晨　迟宗正　董索宇　编著

中国教育出版传媒集团

高等教育出版社·北京

内容提要

本书为“计算机组成与结构”“计算机组成原理”等相关课程的实验指导用书，基于华为公司的鲲鹏处理器技术而设计，采用华为云作为实验环境，通过C语言及汇编语言编写程序驱动鲲鹏处理器运行，以此探索鲲鹏硬件特性，进而理解计算机硬件的工作原理。

本书的基本设计思路是“用软件的方法讲硬件的故事”，通过编程去分析硬件的宏观架构与细微特性。全书内容分为12章，并附4个附录，内容涉及开发环境介绍、C语言与鲲鹏汇编语言混合编程、基于鲲鹏硬件特性的C程序优化和汇编程序优化、鲲鹏处理器的增强型SIMD运算，以及鲲鹏处理器的异常处理、中断、Cache特性，同时，本书还介绍了鲲鹏处理器的性能分析工具、并行计算，以及x86汇编代码向鲲鹏架构的迁移。

本书读者应具备C语言编程的基本技能，了解或正在学习计算机硬件的基本知识。本书可作为高校计算机硬件相关课程的实验指导书，也可作为鲲鹏处理器学习者的参考书。

图书在版编目(CIP)数据

计算机组织与结构实验教程：基于鲲鹏处理器/赖晓晨，迟宗正，董索宇编著.--北京：高等教育出版社，2023.10

ISBN 978-7-04-061174-8

Ⅰ.①计… Ⅱ.①赖… ②迟… ③董… Ⅲ.①计算机体系结构-实验-高等学校-教学参考资料 Ⅳ.①TP303-33

中国国家版本馆CIP数据核字(2023)第173350号

Jisuanji Zuzhi yu Jiegou Shiyan Jiaocheng

策划编辑 张海波　　责任编辑 赵冠群　　封面设计 李小璐　　版式设计 杨 树
责任绘图 马天驰　　责任校对 吕红颖　　责任印制 存 怡

出版发行	高等教育出版社	网　址	http://www.hep.edu.cn
社　址	北京市西城区德外大街4号		http://www.hep.com.cn
邮政编码	100120	网上订购	http://www.hepmall.com.cn
印　刷	北京市密东印刷有限公司		http://www.hepmall.com
开　本	787mm×1092mm 1/16		http://www.hepmall.cn
印　张	12.75		
字　数	250千字	版　次	2023年10月第1版
购书热线	010-58581118	印　次	2023年10月第1次印刷
咨询电话	400-810-0598	定　价	35.00元

物 料 号　61174-00

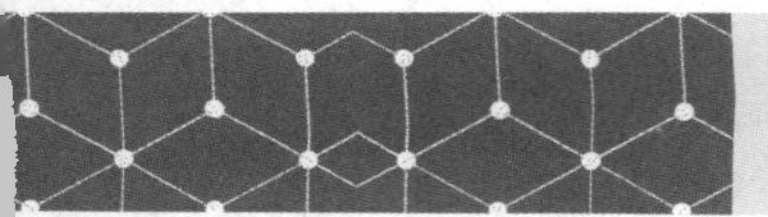

计算机组织与结构实验教程

——基于鲲鹏处理器

1 计算机访问https://abooks.hep.com.cn/188079，或手机扫描二维码，访问新形态教材网小程序。

2 注册并登录，进入“个人中心”，点击“绑定防伪码”。

3 输入教材封底的防伪码（20位密码，刮开涂层可见），或通过新形态教材网小程序扫描封底防伪码，完成课程绑定。

4 点击“我的学习”找到相应课程即可“开始学习”。

计算机组织与结构实验教程——基于鲲鹏处理器

作者 赖晓晨 迟宗正 董索宇 编著

出版单位 高等教育出版社

ISBN 978-7-04-061174-8

本课程与纸质教材一体化设计，紧密配合，内容完备，充分运用多种形式媒体资源，极大丰富了知识的呈现形式，拓展了教材内容，可有效帮助读者提升课程学习的效果，并为读者自主学习提供思维与探索的空间。

绑定成功后，课程使用有效期为一年。受硬件限制，部分内容无法在手机端显示，请按提示通过计算机访问学习。

如有使用问题，请发邮件至abook@hep.com.cn。

https://abooks.hep.com.cn/188079

前 言

近年来，随着我国经济和科技实力的持续增强，国际环境发生了显著变化。在信息产业的各个领域中，我们频频遭遇“卡脖子”问题，尤其是在处理器设计和制造方面遇到很多障碍。历史告诉我们，高科技是买不来的，只能依靠自己的奋斗来获取。2020年，由教育部和华为技术有限公司联合发起了“智能基座”产教融合协同育人基地，首批布局72所高校，旨在深化信息技术领域人才培养模式改革和协同创新，着力构建以信息领域关键核心技术为基础的产业与人才生态。

大连理工大学的“计算机组织与结构”课程入选了首批教育部-华为“智能基座”项目，也是首批国家级虚拟教研室的建设课程之一。本课程主要讲授计算机内部各部件的工作原理和相互之间的联系，是软件工程、计算机等相关专业的重要硬件基础课程。本课程以华为自研的鲲鹏920处理器作为案例，基于鲲鹏处理器的中断、流水线、指令系统等特性阐释计算机硬件的基本原理，在实现理论与实践融合的基础上，希望可以在高校开展国产技术教学，进行国产生态推广。

本课程的实验环节一般采用如下三种方式：第一种为购置硬件实验设备，学生在实验室基于实际设备完成实验；第二种为远程实验方式，学生将实验代码上传至远程服务器，由服务器运行并返回给学生实验结果；第三种方式为采用虚拟仿真软件，学生用虚拟仿真软件搭建电路，运行程序，验证原理。本书提出了一种全新的实验设计思路：学生登录华为云，在基于鲲鹏920处理器/openEuler操作系统的华为云上采用C语言和汇编语言混合编程的方式，以软件驱动硬件运行，以此了解和掌握鲲鹏处理器的工作原理和设计特点。

本书具有如下特点：第一，全部实验基于鲲鹏920处理器而设计，在华为云运行，无须购置硬件设备，同时着力推广国产技术与生态；第二，本书实验也可以在QEMU模拟器上运行，有效降低使用成本；第三，全部实验采用学生熟悉的C语言和汇编语言设计，门槛低、易操作；第四，实验设计底层化，以低级语言穿透操作系统的“屏障”，探索硬件的底层特性。

由于作者经验有限，加之时间仓促，书中不可避免会有疏漏之处，请读者不吝批评指正。有关本书的意见和建议，请发送电子邮件至laixiaochen@dlut.edu.cn，希望在和读者交流的过程中有所裨益。

在本书撰写过程中，作者得到了华为技术有限公司张博、汪凯、楼梨华、曾伟胜、孙海峰、楼佳明、张绍坤、王武迪、田涛、李宝林、叶冠华、王勒然、李雪峰、李洋、马斯盛、白慧娟、罗静、郑环环、谭景盟、曲璇等的大力支持，同时得到示范性软件学院联盟卢苇等老师的热情帮助，大连理工大学的代昆澎、姚亚琛、王鲁康、张铮、杨静涵、孙新宇等也对本书作出了重要贡献。在此，对以上朋友致以衷心的感谢！

感谢我的家人，是你们帮我分担了家庭重任，并时时督促和鼓励我，使我得以坚持完成书稿的撰写。尤其要感谢我的孩子，为我带来了生活的乐趣和希望，愿你能健康、开心地成长！

赖晓晨

2022 年 11 月

目 录

第1章　鲲鹏处理器与 openEuler 操作系统

1.1 国产自主可控技术

自 1946 年第一台电子计算机诞生之日起，计算机与信息产业的主导权一直掌握在欧美国家手中。长期以来，在微机处理器领域，x86 一家独大，英特尔和超威公司占据了大部分市场份额；在桌面操作系统领域，微软公司的 Windows 系统处在垄断地位；在 GPU 领域，英伟达一枝独秀；在数据库领域，基本上是微软、甲骨文、亚马逊三分天下；在移动计算领域，绝大部分智能手机处理器基于 ARM 架构设计，iOS 和安卓系统垄断了绝大部分手机操作系统；在 EDA 领域，比较知名的 PSPICE、multiSIM10、OrCAD、PCAD、LSIlogic、MicroSim、ISE、Cadence 全部为国外公司设计。

我国拥有全世界最大的消费市场，我国也是全世界工业门类最齐全的国家，具有雄厚的制造业基础，尤其是近二三十年来，我国的科学技术获得了长足的发展和进步。但是，客观地说，在工业技术金字塔的顶端，我们还存在很多不足，距离国际最先进水平还有很大差距。

5G 为我国信息产业提供了一个前所未有的机遇，以华为、中兴为代表的一批民族企业在 5G 技术领域获得了令人瞩目的成就，因此也招致了西方国家的压制。2016 年，美国商务部制裁中兴，令中兴蒙受了 20 余亿美元的损失，并且作出了改组董事会、在公司内部安排美方协调员的承诺；2019 年，美国商务部将华为及其旗下 70 余家子公司全部列入"实体清单"，限制美国企业向华为出口芯片等关键材料；2020 年，美方禁令进一步升级，实质性禁止台积电为华为代工生产芯片，彻底断绝了华为"麒麟"手机处理器的后路，使华为公司高端手机市场份额从世界第二的位置一落千丈。事实已经多次证明，科技事业的发展是买不来的，只有依靠自己艰苦奋斗，努力创新，不断赶超，发展我国自己的自主可控技术，才能够赢得生存空间。

为应对严峻的国际挑战，我国正在努力营造自主可控技术生态，以鲲鹏、龙芯、兆芯、申威、飞腾、海光、玄铁、香山为代表的处理器，以深度、统信、中标麒麟、鸿蒙为代表的操作系统，以毕昇、方舟为代表的编译器，无一不在顽强地生长，假以时日，必将成为参天大树，为我国的信息产业提供一个坚实的发展基础。

2020 年，在教育部领导下，华为公司与多所获批计算机类、电子信息类国家级一流本科专业建设点的高校合作，布局建设首批 72 所“智能基座”产教融合协同育人基地，以处理器、操作系统、数据库等根技术为核心构建多样性计算的产业和人才生态，为我国产业高质量发展提供人才和智力支撑。本书即在这一背景下诞生，本书以华为公司先进的鲲鹏处理器、openEuler 操作系统为平台，通过程序设计形式帮助学习者理解计算机硬件的组成结构与工作原理，在为课程提供一系列实验案例的同时，普及国产计算机软硬件技术，助力国产生态的教学与推广，为早日解决“卡脖子”问题作出高校应有的贡献。

1.2　鲲鹏处理器

1.2.1　主流处理器架构

处理器架构按复杂程度可以分为两类：CICS(复杂指令集)架构和 RISC(精简指令集)架构。精简指令集架构采用组合逻辑控制器设计思想，而复杂指令集架构采用微程序控制器设计思想。二者的主要区别如表 1.1 所示。

表 1.1　CICS 和 RISC 的主要区别

对比项目	CICS	RISC
指令系统	复杂、庞大	精简
指令字长	不固定	固定
指令数目	多于 200 条	少于 100 条
访存指令	无限制	load/store 指令
指令使用频率	差异大	接近
通用寄存器数量	少	多
指令流水线	可选	必须实现
控制方式	微程序控制	组合逻辑控制

比较流行的 CISC 架构是 Intel 的 x86 架构，由于其良好的兼容性设计，用户程序在数十年间可以在各型号 x86 架构的计算机上顺利运行。与之对应，RISC 架构在兼容性上表现略差，但是在程序执行效率方面具有显著优势。代表性的 RISC 处理器包括 Power、Alpha、MIPS，以及国内的鲲鹏、麒麟、龙芯、玄铁等。CISC 架构和 RISC 架构各有特点，但现代处理器设计都会尽可能地吸收利用 RISC 处理器设计思想中的精华。

1.2.2　ARM 架构

ARM 全称为 Advanced RISC Machines，既代表着 ARM 公司，也代表 ARM 公司设计的 ARM 体系结构及 ARM 系列处理器产品。

1978 年，奥地利籍物理学家 Herman Hauser 和英国工程师 Chris Curry 在英国剑桥共同创办了一家 CPU 公司，全称 Cambridge Processing Unit，主要从事电子设备设计与制造，为当地市场供应电子设备。1979 年，CPU 公司改名为 Acorn Computer Ltd，简称 Acorn。20 世纪 80 年代中期，Acorn 公司开始进行芯片自研。1985 年 4 月，Acorn 公司耗时 18 个月设计完成了全球第一款商业 RISC 处理器 Acorn RISC Machine(简称 ARM)。1990 年，Acorn 公司联合苹果、诺基亚、VLSI 以及 Technology 等公司合资成立了一家独立的处理器企业，即 ARM 公司。

在公司成立初期，由于资金不足，ARM 公司决定采用 IP 授权的商业模式，来避开芯片生产线的高昂成本，自己不制造芯片，只是将芯片的设计方案授权给其他公司，由它们来生产。具体而言，ARM 公司提供了一系列 ARM 架构内核、体系结构以及片上系统等设计方案，即 IP 核，并提供基于 ARM 架构的开发设计技术。得益于这种模式，ARM 公司同世界上众多的半导体厂商达成了合作关系。

ARM 架构的主要优势是指令长度固定、指令格式规范、寻址方式简单、通用寄存器数目多、专用寄存器数目少以及指令流水线易实现等。到目前为止，ARM 公司共定义了 9 种主要的体系结构版本，从 ARMv1 至 ARMv9。处理器体系结构是处理器的功能规范，指示着遵从该规范的硬件如何向其上层的软件提供相应的功能。ARM 架构规范了处理器的指令集、寄存器集、异常模型、内存模型以及调试、跟踪等功能特性。

ARM 公司设计的产品包括处理器内核 IP、处理器物理 IP、系统级 IP、无线 IP、ARM 安全解决方案、ARM Mali 图形和多媒体 IP、物联网解决方案及软件开发工具等。ARM 产品可以按照 ARMv1 至 ARMv9 架构进行分类，ARM 内核包括了 ARM1、ARM2、ARM3、ARM6、Classic 系列和 Cortex 系列，其中前 4 种并没有商用。ARM 处理器家族与架构的对应关系如表 1.2 所示。越靠后的内核，初始频率越高，架构越先进，功能也越强。

表 1.2　处理器家族与架构的对应关系

架构	处理器家族
ARMv1	ARM1
ARMv2	ARM2、ARM3
ARMv3	ARM6、ARM7
ARMv4	StrongARM、ARM7TDMI、ARM9TDMI
ARMv5	ARM7EJ、ARM9E、ARM10E、XScale
ARMv6	ARM11、ARM Cortex-M
ARMv7	ARM Cortex-A、ARM Cortex-M、ARM Cortex-R
ARMv8	ARM Cortex-A53、ARM Cortex-A57 等
ARMv9	ARM Cortex-A510、ARM Cortex-A710 等

Classic 系列处理器主要包含了 ARM7 微处理器系列、ARM9 微处理器系列、ARM9E 微处理器系列、ARM10E 微处理器系列和 ARM11 微处理器系列。ARM9 采用哈佛体系结构，指令和数据分属不同的总线，可以并行工作。相较于 ARM7 的三级流水线，ARM9 采用五级流水线，ARM9E 则是对 ARM9 的扩充。ARM10E 与 ARM9E 区别在于，ARM10E 采用六级流水线，主频最高可达 325 MHz。ARM11 基于 ARMv6 架构，具有低功耗、高数据吞吐量和高性能等特点，广泛适用于无线和消费类电子产品以及网络处理应用。

在 ARM11 之后的产品均改用 Cortex 进行命名，并分成 A、R 和 M 这 3 类，旨在为不同的市场提供服务。Cortex-A 系列为应用处理器，面向移动计算、智能手机和服务器等市场。Cortex-R 系列为实时处理器，是面向实时应用的高性能处理器系列，主要应用于硬盘控制器、汽车传动系统和无线通信的基带控制等系统。实时处理器不能运行完整版本的 Linux 或 Windows 操作系统，但是支持大量的实时操作系统(RTOS)。Cortex-M 系列为微控制器处理器，这类处理器体积很小但能效较高，适用于微控制器和深度嵌入式系统。

ARM 公司设计的处理器在嵌入式处理器领域优势明显，并在嵌入式控制、消费与教育类多媒体、DSP 和移动应用领域发展壮大。ARM 公司和 ARM 架构在移动计算爆发式增长的年代逐渐占据了市场主导地位，最终成为主流。如今，全球 95% 以上的手机以及超过四分之一的电子设备都在使用 ARM 技术。

1.2.3　鲲鹏处理器

华为技术有限公司(以下简称华为公司)的鲲鹏处理器集成了华为自研的兼容 ARMv8.2-A 指令集的 TaiShan V110 处理器内核。该处理器基于 ARMv8.2-A 架构平台，满足高性能、低功耗需求，兼容 ARMv8-A 平台所有特性，支持 ARMv8.1 和 ARMv8.2 扩展。

ARMv8 架构支持 AArch64 和 AArch32 两种执行状态。AArch32 是 32 位执行状态，支持 T32 可变长度指令集和 A32 固定长度指令集，支持 32 位 PC 和 13 个 32 位通用寄存器。AArch64 是 64 位执行状态，只支持 A64 指令集并且定义了 EL0～EL3 这 4 个异常等级，支持 64 位 PC 和 31 个 64 位通用寄存器 x0～x30。鲲鹏处理器内置的 TaiShan V110 内核只支持 AArch64 执行状态。

AArch64 状态下的鲲鹏处理器支持 31 个通用寄存器，这些通用寄存器既可以作为 64 位寄存器使用，也可以用作 32 位寄存器，充当 64 位寄存器时用 x0～x30 命名，32 位访问时用 w0～w30 命名。AArch64 状态的鲲鹏处理器还提供了 31 个 128 位的 SIMD 和浮点寄存器 v0～v30，这些寄存器独立于通用寄存器，专门用于向量运算与浮点运算。

AArch64 状态中的处理器状态保存在数据结构 PSTATE 中，PSTATE 可以看作保存处理器状态的一组抽象寄存器，A64 指令集含有能够操作 PSTATE 元素的指令。AArch64 状态的处理器还提供了若干特殊功能寄存器，其中包含了 64 位的程序计数器 PC、同时支持 64 位和 32 位的零寄存器 xzr/wzr、用于恢复

PSTATE 的 PSR 寄存器、区分异常状态的堆栈寄存器等。

2019 年 1 月，华为公司发布了鲲鹏 920 处理器，这是一款用于数据中心的高性能处理器，兼容 ARMv8.2-A 架构，采用 7 nm 工艺制造，可以支持 32/48/64 个内核，主频可达 2.6 GHz，支持 8 通道 DDR4、PCIe 4.0 和 100G RoCE 网络。

为简便起见，本书后续内容所述的鲲鹏处理器，即为鲲鹏 920 处理器。

1.2.4　TaiShan 服务器

服务器是一种高性能计算机，能够通过网络运行相应的应用软件对外提供计算或者应用服务。广义上，任何可以连接网络并通过网络对外提供服务的计算机都可以称为服务器，都能够在一定程度上承担某些特定的服务器功能。

服务器作为一种特定的计算机，在组成结构上与一般计算机系统基本相同，都具有 CPU、内存、硬盘、总线以及各种外部扩展部件等。但服务器通常用于提供特定服务，作为网络数据的节点和枢纽，同时为网络中的多个用户提供服务，因此对性能的需求要远远高于个人计算机。

服务器需要长时间稳定地运行，并具备强大的外部数据吞吐能力和高性能计算能力，在提供高效服务的同时还需要避免发生网络中断、故障停机、数据丢失等意外情况，以免造成严重后果，因此服务器需要具备高可靠性和高可用性。此外，在科技水平迅速发展的今天，服务器需要具备高可扩展性，通常体现在 CPU 是否可升级或扩展、内存能否扩充、是否能够支持多种操作系统，这样才能使一台昂贵的服务器能够长期使用。服务器面对的不是单个用户，而是整个网络中的用户，因此服务器还需要具备高安全性和可管理性，只有具备这些特性，服务器才能安全高效地工作。

服务器没有统一的分类标准，可以从多个维度进行分类。按应用层次的不同，可将服务器分为入门级、工作组级、部门级和企业级，从入门级到企业级，服务器的业务量和对硬件配置的要求逐渐提高。按机械结构的不同，可将服务器分为塔式服务器、机架式服务器和刀片式服务器。塔式服务器体积较大，一般用于入门级或工作组级服务器，成本较低，无须搭配额外设备，但占用空间大，密度低，不适合采用多台服务器协同工作。机架式服务器安装在机架内的安装槽中，方便扩展，密度更高，机架式服务器采用敞开式管理，更有利于热管理、电磁屏蔽、噪声降低、空气过滤等。刀片式服务器采用单板结构，每一块“刀片”都是一块独立的服务器系统主板，主板上集成了一个完整的计算机系统。多个刀片部署在同一个机架或机柜中，共享高速总线，充分节省空间。按用途的不同，可将服务器分为业务服务器、存储服务器和其他专用服务器。业务服务器用于支持特定业务，如 Web 应用服务器、数据库服务器等。存储服务器专门用于数据存储。其他专用服务器则用于解决特定问题，如人工智能训练、安全服务等业务。按处理器架构类型的不同，可将服务器分为 CISC 服务器、RISC 服务器和 EPIC 架构服务器。CISC 服务器主要采用英特尔公司的

Intel64 架构、超威半导体的 AMD64 架构或早期的 IA32 架构。RISC 服务器主要是指非 Intel 架构的服务器，例如 IBM 的 Power 系列、惠普的 Alpha 系列、SUN/Oracle 的 SPARC 系列、MIPS 和 ARM 系列等。采用 EPIC 架构的处理器为英特尔和惠普等公司联合开发的基于 IA-64 架构的安腾处理器。安腾处理器最突出的特色是将显式并行指令计算技术与超长指令字技术结合。

TaiShan 服务器是华为公司的新一代数据中心服务器，基于华为鲲鹏处理器而设计，适合为大数据、分布式存储、原生应用、高效能计算和数据库等应用加速，旨在满足数据中心多样性计算、绿色计算的需求。TaiShan 服务器具有高效能、安全可靠、开放生态等特点。TaiShan 服务器将高效能计算带入数据中心，充分发挥鲲鹏处理器的多核计算、高并发、低功耗等特点，为大数据、分布式存储、数据库、HPC 等应用提供高效能算力。TaiShan 服务器所采用的鲲鹏处理器由华为自主设计和研发，能够确保核心技术的长期演进。TaiShan 服务器是一个开放的计算平台，支持业界主流软件。

TaiShan 服务器按照处理器版本的不同，目前可分为 3 类：基于鲲鹏 916 处理器的 TaiShan 100 服务器、基于鲲鹏 920 处理器的 TaiShan 200 服务器、基于鲲鹏 920 3.0 GHz 高主频处理器的 TaiShan 200 Pro 服务器。若按照业务类型不同进行分类，TaiShan 服务器目前可分为高性能型、高密型、边缘型、均衡型、存储型和高端型 6 种机型，可以覆盖主流规格及应用场景。

基于鲲鹏 920 处理器的华为 2480 高性能服务器具有计算密度高、存储性能好以及网络速度快等特点，适合为高性能计算、数据库、云计算等应用场景的工作负载进行高效加速。

基于鲲鹏 920 处理器的华为 1280 高密服务器具有高效能计算、安全可靠、开放生态等特点，适合为大数据分析、软件定义存储、Web 等应用场景的工作负载进行高效加速，并有效提升数据中心的空间利用率，降低综合运营成本。

基于鲲鹏 920 处理器的华为 2280E 边缘服务器兼具强大的计算性能和网络加速能力，专为 MEC、CDN、云游戏、云手机、智慧园区和视频监控等边缘计算场景设计，满足边缘服务器 ECII 标准。

基于鲲鹏 920 处理器的均衡服务器主要有 2180 均衡型和 2280 均衡型两种，具有高性能、低功耗以及扩展灵活等特点，适合为大数据分析、软件定义存储、Web 等应用场景的工作负载进行高效加速。

基于鲲鹏 920 处理器的存储服务器主要有 5280 存储型和 5290 存储型两种，具有海量存储、高性能、低功耗以及易扩展等特点。5280 存储服务器适合为大数据分析、软件定义存储等应用场景的工作负载进行高效加速，5290 存储服务器适合为数据归档应用场景提供高可靠和高性价比的存储解决方案。

基于鲲鹏 920 3.0GHz 高主频处理器的 TaiShan 200 Pro 服务器是华为数据中心高端系列服务器，具有超强的计算能力，同时集成三大创新 RAS 特性，获得权威的安全可信认证，能够为企业核心业务提供澎湃的可靠算力。TaiShan 200 Pro 服务器包含了 2480、2280 和 1280 这 3 款高端产品型号。

在服务器资源的统一调配和高效组织方面，华为提出了弹性云服务器的概念。弹性云服务器是由 CPU、内存、操作系统、云硬盘组成的基础计算组件，是指一种虚拟服务器。弹性云服务器具有良好的可拓展性，用户可随时在线对虚拟服务器的内存、系统盘和带宽等配置进行灵活调整，不受传统硬件设备的限制。虚拟服务器分散部署在多台主机甚至多个机房中，抗灾能力强，具有高可靠性，能确保长期、稳定、高效地提供服务。弹性主要指云端的可用资源可根据业务内容以及需求灵活跳转，保证资源的合理分配。华为弹性云服务器为用户提供了直接感知到鲲鹏环境的最典型的平台。

1.3 openEuler 操作系统

1.3.1 开源软件

1985 年 10 月，自由软件基金会(Free Software Foundation，FSF)成立并致力于推广自由软件。1998 年 2 月，开放源代码促进会(Open Source Initiative，OSI)成立，旨在推动开源软件发展，并首次正式提出开源软件的概念：一种源代码可以任意获取的计算机软件，这种软件的著作权持有人在软件协议的规定之下保留一部分权利并允许用户学习、修改以及向任何人分发该软件。开源协议通常符合开放源代码的定义的要求。典型的开源软件有 Linux、MySQL、Firefox、gcc 等。

在开源模式下，通过许可证的方式，使用者在遵守许可限制的条件下，可自由获取源代码等，并可使用、复制、修改和再发布。在开源软件代码仓/包中，软件的开源许可证通常在 NOTICE、COPYRIGHT、AUTHOR、README、COPYING、LICENSE 中进行说明。

开源模式是迄今为止最先进、最广泛、最活跃的协同创新模式。在开源模式中，项目的核心开发人员与大规模的外围群体紧密合作，通过互联网共享资源、开展协同开发和管理代码等方式，大幅提升项目开发的效率和应对需求变化的能力。

2020 年 6 月，由华为、阿里巴巴、百度、浪潮、360、腾讯、招商银行等多家龙头科技企业联合发起成立了开放原子开源基金会，致力于推动全球开源事业发展，是我国在开源领域的首个基金会。开放原子开源基金会本着产业公益性服务机构、开源项目管理机构、提升我国对全球开源贡献的引领者的定位，遵循共建、共治、共享原则，系统性打造开源开放框架，搭建国际开源社区，提升行业协作效率，赋能千行百业。

目前开放原子开源基金会业务范围主要包括募集资金、专项资助宣传推广、教育培训、学术交流、国际合作、开源生态建设、咨询服务等业务。

开放原子开源基金会专注于开源软件的推广传播、法务协助、资金支持、技术支撑及开放治理等公益性事业，促进、保护、推广开源软件的发展与应用；致力于推进开源项目、开源生态的繁荣和可持续发展，提升我国对全球开源事业的贡献。

1.3.2　GNU 与 Linux

GNU 计划是由 Richard Matthew Stallman 于 1983 年 9 月 27 日公开发起的自由软件集体协作计划，目的是创建一套完全自由的操作系统，名为 GNU，其内容完全以 GPL 的形式发布。Richard Matthew Stallman 于 1985 年发表了著名的 GNU 宣言，正式宣布这项宏伟计划的开始：创造一套完全自由免费、兼容于 UNIX 的操作系统 GNU。同年 10 月，他创建了自由软件基金会来为该计划提供技术、法律以及财政支持。GNU 的名称来自 GNU's Not UNIX 的递归缩写，GNU 的设计类似于 UNIX，但它的实现不包含具有著作权的 UNIX 代码。Richard Matthew Stallman 将 GNU 视作达成社会目的的技术方法。

GNU 的内核称为 Hurd，Hurd 的目标是从功能、安全性和稳定性上全面超越 UNIX 内核，同时保持对其的兼容性。到 1990 年，GNU 已经开发出了 Emacs、gcc 以及大部分 UNIX 系统的程序库和工具。但由于技术并不成熟，操作系统的内核 Hurd 直至 1991 年仍不可用。

1991 年，Linus Torvalds 编写出了与 UNIX 兼容的 Linux 操作系统内核，并在 GPL 条款下发布，Linux 在网络上广泛流传，许多程序员参与了开发与修改。1992 年，Linux 与其他 GNU 软件结合，完全自由的操作系统正式诞生，该操作系统往往被称为“GNU/Linux”或简称 Linux。GNU 工具还被广泛地移植到 Windows 和 macOS 等其他操作系统上。

Linux 内核的主要模块包括进程管理、存储管理、文件系统、设备管理和驱动、网络通信以及系统初始化和系统调用等。Linux 发行版是一个由 Linux 内核、GNU 工具、附加软件、桌面管理器和软件包管理器等组成的操作系统。Linux 内核并不是一套完整的操作系统，而 Linux 发行版可以称为一套完整的操作系统。

Linux 发行版大致可分为两类：由商业公司维护的发行版本，以 Red Hat Enterprise Linux 为代表；由社区组织维护的发行版本，以 Debian 为代表。目前市面上比较知名的发行版有 Debian、Ubuntu、Red Hat、Fedora、CentOS、openEuler、SUSE、Gentoo、Arch Linux 等。

1.3.3　openEuler

1. openEuler 的历史

openEuler 操作系统脱胎于 EulerOS，EulerOS 是华为公司自 2010 年起研发使用的服务器操作系统，是 Linux 发行版之一。2019 年 9 月，EulerOS 正式开源，命名为 openEuler。

2020 年 3 月 30 日，openEuler 20.03 LTS（Long Term Support，长生命周期支持）版本正式发布，为 Linux 世界带来一个全新的具备独立技术演进能力的 Linux 发行版。

2020 年 9 月 30 日，首个 openEuler 20.09 创新版发布，该版本是 openEuler 社区中的多个公司、团队、独立开发者协同开发的成果，在 openEuler 社区的发展进程中具有里程碑式的意义，也是中国开源历史上的标志性事件。

2021 年 3 月 31 日，openEuler 21.03 内核创新版发布，该版本将内核升级到 5.10，在内核方向还实现了内核热升级、内存分级扩展等多个创新特性，加速提升多核性能，构筑千核运算能力。

2021 年 9 月 30 日，全新 openEuler 21.09 创新版发布，这是 openEuler 全新发布后的第一个社区版本，实现了全场景支持。该版本增强了服务器和云计算的特性，发布了面向云原生的业务混部 CPU 调度算法、容器化操作系统 KubeOS 等关键技术，同时发布边缘和嵌入式版本。

2021 年 11 月，openEuler 正式捐献至开放原子开源基金会。

2022 年 3 月 30 日，基于统一的 5.10 内核，面向服务器、云计算、边缘计算、嵌入式的全场景 openEuler 22.03 LTS 版本发布。该版本聚焦算力释放，持续提升资源利用率，打造全场景协同的数字基础设施操作系统。

2022 年 10 月 1 日，openEuler 22.09 正式发布，新增 SW-64、LoongArch 架构的系统镜像，新增对 ARM 架构内存容错增强、SME、商密加速等特性的支持，新增对 Intel SPR 内核和虚拟化的支持。除新增特性外，openEuler 22.09 还完成了对树莓派和 Rockchip 的适配，持续加速生态扩展。

openEuler 的技术生态全景如图 1.1 所示。在性能方面，StratoVirt 轻量级虚拟机在保持传统虚拟化的隔离能力和安全能力的同时，降低了内存资源消耗，提高了虚拟机启动速度，具备快速启动、低内存开销、I/O 增强、多平台支持、可扩展、高安全性等特性。iSula 2.0 云原生容器相比 Docker，是一种新的容器解决方案，它提供了统一的架构设计来满足 CT 和 IT 领域的不同需求，具有轻量化、运行速度快、易迁移、配置灵活等特性。毕昇 JDK 是华为基于 OpenJDK 定制后的开源版本，是一款高性能、可用于生产环境的 OpenJDK 发行版，稳定运行在华为内部 500 多个产品上，团队积累了丰富的开发经验，解决了业务实际运行中遇到的多个疑难问题。

在安全方面，IMA 完整性度量架构可有效防止恶意篡改。secGear 机密计算框架能够使多平台安全应用的开发效率倍级提升。

在生态方面，Compass-CI 开源软件自动化测试平台支持 1 000 多款开源软件自动化测试。A-Tune 自动调优工具适用于 10 大类场景和 20 余款应用，大数据场景下在系统默认配置基础上优化 30%，在专业工程师团队调优基础上平均再优化 5%～10%，调优效率提升 10 倍。桌面支持轻量级 Linux 桌面环境 UKUI 桌面，其布局、风格和使用习惯接近传统 Windows。

理论上所有支持 ARMv8 指令集的操作系统都可以兼容鲲鹏处理器。openEuler 作为华为多年研发投入的产品，针对鲲鹏处理器做了很多的底层优化，可以更有效地发挥处理器的性能，也能充分提高系统的安全性和可靠性，因此本书选择 openEuler 作为实验的操作系统。

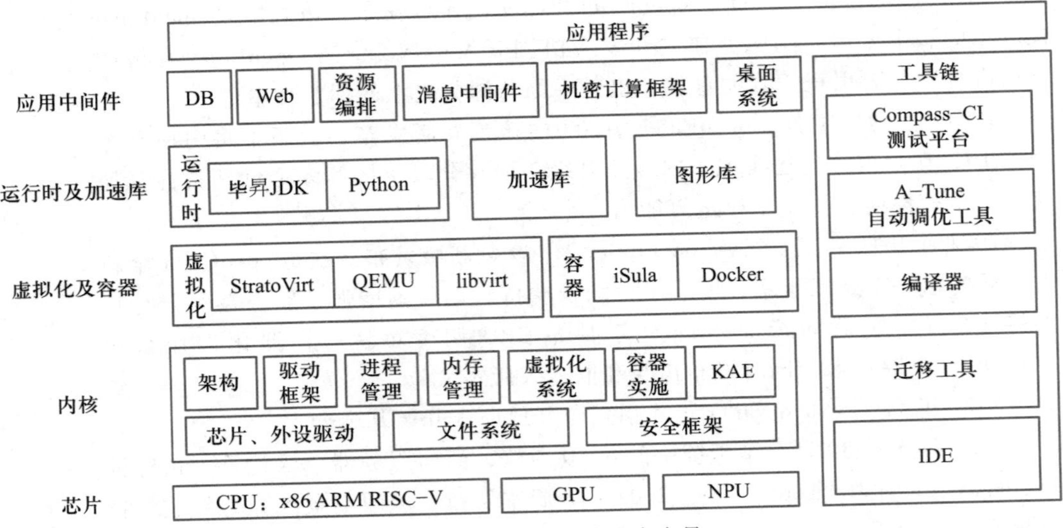

图 1.1　openEuler 技术生态全景

2. openEuler 社区

openEuler 拥有一个面向全球的操作系统开源社区，通过社区合作打造创新平台，构建支持多处理器架构、统一和开放的操作系统，推动软硬件应用生态繁荣发展。

用户可通过公有云、虚拟机、硬件和树莓派 4 种方式体验 openEuler 操作系统以及 openEuler 社区内的原创开源项目。开源社区一般会要求贡献者签署贡献者许可协议（Contributor License Agreement，CLA），只有签署了 CLA 的贡献者提供的内容才能被接受。CLA 签署后，贡献者提供的贡献（包括捐款、源代码）将被授权给社区使用。自 openEuler 开源以来，截至 2022 年 12 月，社区用户数量已超过 100 万，已有超过 12 000 名开发者在 openEuler 社区参与贡献，成立了近百个特别兴趣小组，累计合并请求 85 000 多条，代码仓库多达 9 500 个，其中高校核心贡献人数超过 500 名，提交的合并请求累计超过 2 000 条。

社区中的最新技术成果持续合入发行版，发行版则通过用户反馈反哺技术，激发社区创新活力，从而不断孵化新技术。发行版平台和社区互相促进、互相推动，牵引 openEuler 版本持续演进。

1.4　本书内容安排

本书是计算机组成原理、计算机系统结构、计算机组织与结构等硬件类课程的配套实验教材，该类课程具有内容抽象不易理解、缺乏实际动手的硬件操作条件等特点，给广大学习者带来较大困难。本书的基本设计思路是“用软件的方法讲硬件的故事”，即，如果学习者能够通过编程的方式，设计软件去驱动硬件运行，从实验现象中总结硬件设计的原理、特征、规律，同时能够将软硬件作为一个系统来看待，那就意味着学习者已经对硬件有了足够的理解，从而完成了上述硬件类课程的学习任务。

本书实验基于华为云设计，采用基于鲲鹏处理器的 TaiShan 服务器和 openEuler操作系统为实验平台，读者只需配备一台能够连接网络的计算机以及 gcc 编译器，即可完成全部实验，完全摆脱了实际硬件设备的限制，实验方式灵活，适用面广泛。本书第 3 章至第 12 章的全部内容均在华为云上实现，但是全部例子同样可在鲲鹏处理器的模拟环境 QEMU 上运行，本书第 2 章介绍了 QEMU 的搭建方法，没有华为云使用条件的学习者可以在 QEMU 上完成全部任务。

本书章节内容简介如下。

第 1 章阐明发展国产自主可控技术的意义，简要介绍鲲鹏处理器与 openEuler 的由来及主要特点。

第 2 章介绍基于 QEMU 模拟器的鲲鹏处理器开发环境搭建，介绍开源模拟器 QEMU 及使用方法，详细介绍在 x86+Windows 平台上基于 QEMU 搭建鲲鹏处理器的模拟运行环境，没有华为云使用条件的学习者可采用这种方式完成后续实验。

第 3 章为 C 语言与鲲鹏处理器汇编语言混合编程实验，介绍通过 C 代码调用汇编代码和 C 代码内嵌汇编代码两种混合编程方式，为后续章节的实验打下基础。

第 4 章为基于鲲鹏处理器的 C 程序优化实验，将用 C 语言编写的功能相同、实现不同的程序反汇编得到对应的汇编代码，分析不同汇编代码的规模和运行效率，探索针对鲲鹏硬件的高效 C 编程方法。

第 5 章为鲲鹏处理器的汇编代码优化实验，通过编写 4 种不同的内存复制程序，对比优化效果，探讨基于鲲鹏处理器硬件特性的汇编代码优化方案。

第 6 章为鲲鹏处理器的增强型 SIMD 运算实验，通过编写两种矩阵点乘运算程序，对比观察 SIMD 指令对矩阵点乘运算的优化效果，介绍鲲鹏处理器增强型 SIMD 指令的使用方法。

第 7 章为鲲鹏处理器的异常处理实验，通过编写示例程序，介绍软中断指令 SVC 的原理，以及核心转储的概念与用途，学习者还可以了解到程序调试工具 gdb 的使用方法。

第 8 章为鲲鹏处理器核间中断实验，介绍鲲鹏处理器的中断机制与核间中断的工作原理，通过编写示例程序，学习者可以掌握核间中断相关函数的使用方法，以及鲲鹏处理器/openEuler 平台的内核驱动程序设计方法。

第 9 章为鲲鹏处理器 Cache 估测实验，通过编程对鲲鹏处理器 L1 Cache 与 L2 Cache 的容量以及 Cache line 的长度进行估测，学习者可以深入掌握鲲鹏处理器 Cache 的结构与特性。

第 10 章为基于鲲鹏性能分析工具的程序调优实验，介绍如何使用鲲鹏开发套件中的性能分析工具 Hyper-Tuner 对矩阵乘法运算程序进行分析，根据优化建议对其进行优化。

第 11 章为基于任务级并行的鲲鹏处理器程序优化实验，通过编写单线程与多线程矩阵乘法运算程序，对比程序执行时间与 CPU 使用率，介绍利用 CPU 的任务并行方式以及多线程技术进行程序优化的方法。

第 12 章为 x86 到鲲鹏架构的汇编代码迁移实验，介绍如何使用鲲鹏开发套件中的鲲鹏代码迁移工具，将基于 x86 架构的汇编代码迁移至华为云的鲲鹏架构中，根据鲲鹏代码迁移工具给出的迁移报告对汇编代码进行调整，学习者可以学会使用鲲鹏代码迁移工具完成代码迁移任务。

第 2 章　基于 QEMU 的鲲鹏处理器开发环境

2.1　实验目的

QEMU 是一套以 GPL 许可证分发源码的虚拟机软件，使用十分广泛。本实验基于 x86/Windows 平台，采用 QEMU 搭建能够兼容鲲鹏架构的模拟环境，为鲲鹏处理器的学习提供支撑。

2.2　实验环境

本实验的软硬件环境如下：

- 硬件环境：具备网络连接的个人计算机；
- 软件环境：Windows10 操作系统、QEMU for Windows 安装包、openEuler 操作系统镜像、gcc 编译器。

2.3　实验原理

本节分为两部分：第一部分介绍处理器模拟开源软件 QEMU 的基本功能；第二部分介绍 QEMU 的使用方法，实现在一种体系结构上执行另一种体系结构的指令。

2.3.1　QEMU 简介

QEMU 是一款通用的开源 CPU 模拟器和虚拟机监视器，QEMU 支持 3 种运行模式：全系统仿真、用户模式仿真和虚拟化模式。全系统仿真下，QEMU 能在任何受支持的架构上运行一套完整的操作系统；用户模式仿真下，QEMU 能在任何受支持的架构上运行不同于当前硬件平台的其他平台上的指令，如在 x86 平台上运行 ARM 平台上的程序；虚拟化模式下，QEMU 使用 KVM 虚拟化技术，实现接近本机性能的虚拟机体验。

全系统仿真下，QEMU 通过动态翻译来模拟 CPU，将客户操作系统的指令翻译给硬件执行，实现对另一种体系结构计算机的模拟。经过 QEMU 的翻译，客户操作系统可以间接地同真实主机中的 CPU、网卡、硬盘等硬件设备进行交互。由于程序执行过程需要 QEMU 的翻译，因此程序执行的性能与速度会比在真实主机上差。

用户模式仿真下，QEMU 能够在 x86 架构的计算机上运行基于 ARM 架构的程序，也能在 ARM 架构的计算机上运行基于 x86 指令系统的程序，但前提是这两台不同架构的计算机上所运行的操作系统相同。在该模式下，QEMU 的仿真同样通过动态翻译技术实现。

虚拟化模式下，QEMU 通过计算机底层硬件的支持，同 KVM 或 Xen 等虚拟化技术相结合，各司其职，相互配合，高效地运行虚拟化系统。QEMU 是纯软件实现的，因此所有的指令都需要 QEMU 进行翻译，导致虚拟机的性能较差，主流的加速方案是 QEMU 与 KVM 搭配使用。

KVM 全称是 Kernel-based Virtual Machine，即基于内核的虚拟机，是 Linux 操作系统的内核模块。KVM 的虚拟化需要硬件支持，是基于硬件的完全虚拟化，这也是它能够使虚拟机高效运行的重要原因。KVM 主要负责 CPU 和内存虚拟化，而 QEMU 则负责磁盘、网络设备等其他外围设备的模拟，二者相互配合能够使虚拟机达到接近真机的性能。

QEMU 的优缺点如表 2.1 所示。

表 2.1 QEMU 优缺点

优点	缺点
支持多种架构，可以虚拟化不同的硬件平台架构	对不常用的架构支持不完善
可以在其他平台上运行 Linux 程序	对某些操作系统支持不完善
可以扩展，可自定义新的指令集	安装与使用不是很方便
可以储存和还原运行状态	操作难度比其他管理系统大
可以虚拟网卡	模拟速度稍慢

本书介绍 QEMU 的原因是它能够在 x86 平台上模拟出兼容鲲鹏指令集的环境。

2.3.2 QEMU 使用

鲲鹏处理器的仿真环境采用 QEMU 的全系统仿真模式，选择 openEuler 作为操作系统。本小节介绍 QEMU 全系统仿真模式的启动方法，以本实验所用的启动命令为例，对全系统仿真模式下的启动参数进行介绍。

可在 Windows 命令行中启动 QEMU，该命令的格式及主要选项如下。

```
qemu-system-aarch64        -m 4096
                           -cpu cortex-a57
                           -smp 4
```

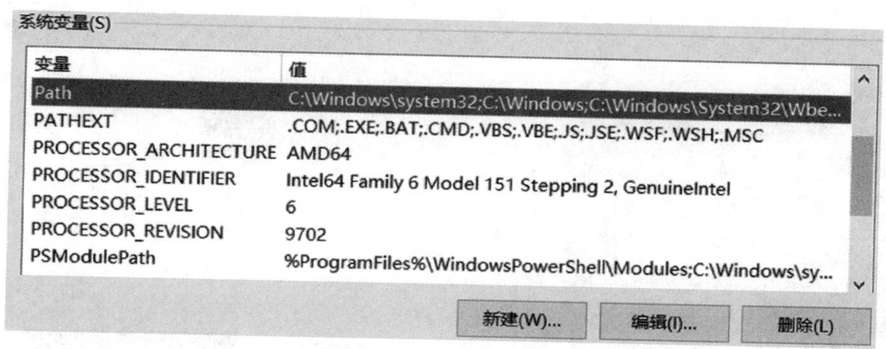

图 2.3　系统变量修改

图 2.4　Path 值添加

单击“确定”按钮，保存并退出，退出后重启计算机。

2.4.2　openEuler 操作系统安装

本小节介绍如何在 QEMU 中安装 openEuler 操作系统，操作步骤如下。

(1) 环境准备

在开始安装之前，需准备 openEuler 操作系统镜像。进入 openEuler 开源社区下载 qcow2 镜像，镜像名称为“openEuler-20.03-LTS.aarch64.qcow2”。

下载完成后，在 D 盘新建文件夹，命名为“openEuler”，将 qcow2 镜像解压到该文件夹中。进入 QEMU 安装文件夹，找到里面的 edk2-aarch64-code.fd，将该文件复制至“openEuler”文件夹中。复制完成后的“openEuler”文件夹内容如图 2.5 所示。

名称	修改日期	类型	大小
edk2-aarch64-code.fd	2019/8/16 3:47	FD 文件	65,536 KB
openEuler-20.03-LTS.aarch64.qcow2	2022/8/27 20:40	QCOW2 文件	1,750,400 KB

图 2.5　“openEuler”文件夹内容

(2) openEuler 虚拟机创建

右击桌面左下角的“Windows”按钮，从其右键菜单中选择“搜索”项，搜索“cmd”，选择右侧的“以管理员身份运行”，如图 2.6 所示。

在 Windows 命令行中进入 qcow2 镜像所在的路径，输入以下命令，创建虚拟机。

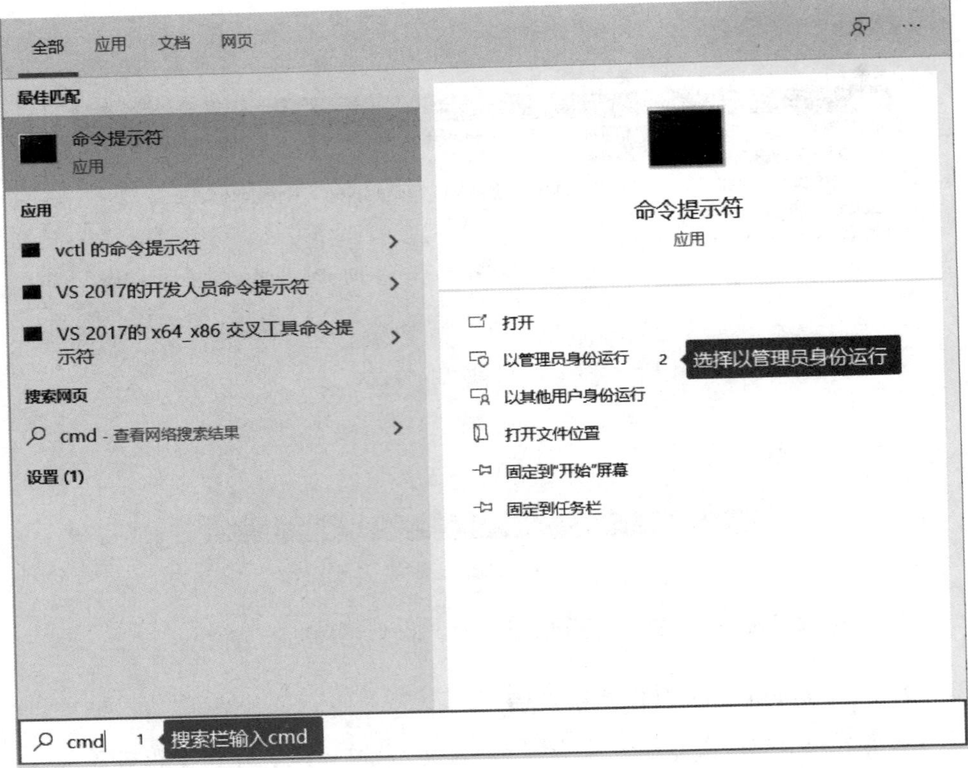

图 2.6　Windows 命令提示符

```
qemu-system-aarch64 -m 4096 -cpu cortex-a57 -smp 4 -M virt -bios edk2-aarch64-code.fd -hda openEuler-20.03-LTS.aarch64.qcow2 -serial vc: 800x600
```

然后，在弹出的 QEMU 窗口上方的菜单栏中选择 View，并将串口修改为 serial0，如图 2.7 所示。

View	
Fullscreen	Ctrl+Alt+F
Zoom In	Ctrl+Alt++
Zoom Out	Ctrl+Alt+-
Best Fit	Ctrl+Alt+0
☐ Zoom To Fit	
☐ Grab On Hover	
☐ Grab Input	Ctrl+Alt+G
○ compatmonitor0	Ctrl+Alt+1
◉ serial0	Ctrl+Alt+2
○ parallel0	Ctrl+Alt+3
☐ Show Tabs	
Detach Tab	
☑ Show Menubar	Ctrl+Alt+M

图 2.7　serial0 串口

虚拟机加载完成后，出现登录提示，如图 2.8 所示。

```
Authorized users only. All activities may be monitored and reported.
localhost login: █
```

图 2.8 用户登录

进行登录操作，其中用户名为 root，默认密码为 openEuler12#$，输入密码时，字符不显示，登录成功后界面如图 2.9 所示。

```
Authorized users only. All activities may be monitored and reported.
localhost login: root
Password:
Last login: Thu Jan 28 04:11:28 on ttyAMA0

Authorized users only. All activities may be monitored and reported.


Welcome to 4.19.90-2003.4.0.0036.oe1.aarch64

System information as of time:  Wed Feb  3 16:12:17 UTC 2021

System load:     0.64
Processes:       86
Memory used:     4.6%
Swap used:       0.0%
Usage On:        6%
IP address:
Users online:    1
```

图 2.9 登录成功界面

至此，搭载 openEuler 操作系统的 QEMU 虚拟机安装完成。其中，操作系统有多种选择，支持鲲鹏架构的操作系统都可以安装。

2.4.3 网络配置

本小节介绍如何为模拟开发环境配置网络，以便下载各种开发工具，操作步骤如下。

（1）参数设置

在 Windows 命令行中进入“openEuler”文件夹目录，输入以下命令创建虚拟机。

```
qemu-system-aarch64 -m 4096 -cpu cortex-a57 -smp 4 -M virt -bios edk2-aarch64-code.fd -net nic,model=e1000 -net user -hda openEuler-20.03-LTS.aarch64.qcow2 -serial vc:800x600
```

参数-net nic，model=e1000 -net user 可以同时配置网络前端和后端。登录成功后 IP 地址显示为空，如图 2.10 所示。此时还需要对网络进行配置。

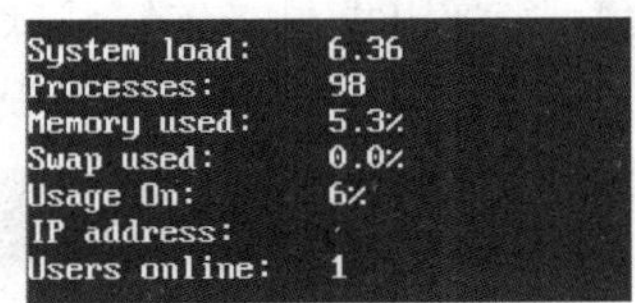

图 2.10 登录成功后无 IP

（2）网络配置

在 openEuler 命令行中输入命令 ifconfig，查看该虚拟机的网络信息。找到 eth0 网口，如

图 2.11 所示。

```
[root@localhost ~]# ifconfig
eth0: flags=4163<UP,BROADCAST,RUNNING,MULTICAST>  mtu 1500
        inet6 fe80::5054:ff:fe12:3456  prefixlen 64  scopeid 0x20<link>
        inet6 fec0::5054:ff:fe12:3456  prefixlen 64  scopeid 0x40<site>
        ether 52:54:00:12:34:56  txqueuelen 1000  (Ethernet)
        RX packets 2  bytes 220 (220.0 B)
        RX errors 0  dropped 0  overruns 0  frame 0
        TX packets 15  bytes 1294 (1.2 KiB)
        TX errors 0  dropped 0 overruns 0  carrier 0  collisions 0
```

图 2.11　虚拟机的网络信息

记录 eth0 网口中第 4 行 ether 后的网卡 MAC 地址 52:54:00:12:34:56。在命令行中输入命令 ethtool eth0，查看 eth0 网口信息，最后一行 Link detected 为 yes 说明网卡正常工作，如图 2.12 所示。

```
[root@localhost ~]# ethtool eth0
Settings for eth0:
        Supported ports: [ TP ]
        Supported link modes:   10baseT/Half 10baseT/Full
                                100baseT/Half 100baseT/Full
                                1000baseT/Full
        Supported pause frame use: No
        Supports auto-negotiation: Yes
        Supported FEC modes: Not reported
        Advertised link modes:  10baseT/Half 10baseT/Full
                                100baseT/Half 100baseT/Full
                                1000baseT/Full
        Advertised pause frame use: No
        Advertised auto-negotiation: Yes
        Advertised FEC modes: Not reported
        Speed: 1000Mb/s
        Duplex: Full
        Port: Twisted Pair
        PHYAD: 0
        Transceiver: internal
        Auto-negotiation: on
        MDI-X: off (auto)
        Supports Wake-on: umbg
        Wake-on: d
        Current message level: 0x00000007 (7)
                               drv probe link
        Link detected: yes
```

图 2.12　eth0 网口信息

以上信息确认无误后，在命令行中输入命令 nmcli connection，查看连接设备的信息，其中 eth0 网口的 UUID 需要进行记录，如图 2.13 所示。

```
[root@localhost ~]# nmcli connection
NAME         UUID                                  TYPE      DEVICE
System eth0  e449c48a-45a7-3db7-8cf3-349bd209b064  ethernet  eth0
```

图 2.13　连接设备信息

openEuler 操作系统中，所有的网络接口配置文件都保存在/etc/sysconfig/network-scripts 目录中，在命令行中输入命令 cd /etc/sysconfig/network-scripts/，进入该目录，如图 2.14 所示。

```
[root@localhost ~]# cd /etc/sysconfig/network-scripts/
[root@localhost network-scripts]# 
```

图 2.14　网络接口配置目录

如果该目录下没有任何文件，则需在命令行中输入命令 vi ifcfg-eth0，使用 vi 编辑器创建一个名为“ifcfg-eth0”的文件，如图 2.15 所示。

```
[root@localhost network-scripts]# ls
[root@localhost network-scripts]# vi ifcfg-eth0
```

图 2.15 网卡配置文件的创建

在“ifcfg-eth0”文件中写入以下内容。

```
TYPE =Ethernet                         # 网卡类型
DEVICE=eth0                            # 网卡接口名称
# 系统启动时是否激活 yes | no
ONBOOT=yes
BOOTPROTO=dhcp                         # 启用地址协议
HWADDR=该设备网卡 MAC 地址
UUID=该设备网卡的 UUID
IPV6INIT=no
USERCTL=no
NM_CONTROLLED=yes
```

编写完成后保存并退出。

(3) 网络配置检测

在 openEuler 命令行中输入命令 ifup eth0，打开 eth0 网口，如图 2.16 所示。

```
[root@localhost network-scripts]# ifup eth0
Connection successfully activated (D-Bus active path:
```

图 2.16 eth0 网口开启

在命令行中输入命令 ifconfig，检测网络配置，如图 2.17 所示，IP 地址为 10.0.2.15，说明网络配置成功。

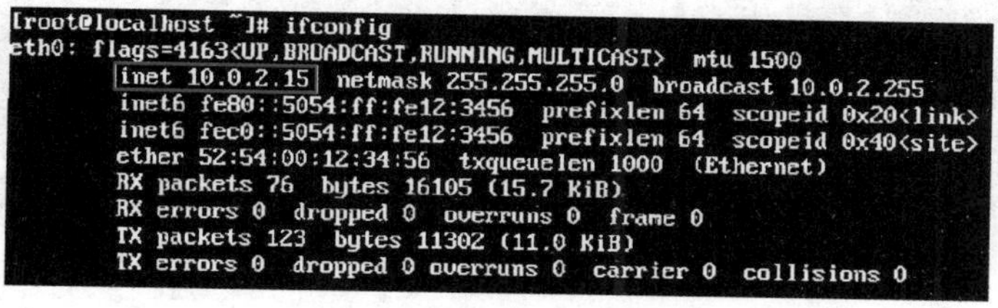

```
[root@localhost ~]# ifconfig
eth0: flags=4163<UP,BROADCAST,RUNNING,MULTICAST>  mtu 1500
        inet 10.0.2.15  netmask 255.255.255.0  broadcast 10.0.2.255
        inet6 fe80::5054:ff:fe12:3456  prefixlen 64  scopeid 0x20<link>
        inet6 fec0::5054:ff:fe12:3456  prefixlen 64  scopeid 0x40<site>
        ether 52:54:00:12:34:56  txqueuelen 1000  (Ethernet)
        RX packets 76  bytes 16105 (15.7 KiB)
        RX errors 0  dropped 0  overruns 0  frame 0
        TX packets 123  bytes 11302 (11.0 KiB)
        TX errors 0  dropped 0 overruns 0  carrier 0  collisions 0
```

图 2.17 网络配置成功

(4) yum 源配置

为了从网络上下载实验所需的工具，如 C/C++语言编译器，需要为虚拟机配置 yum 源。yum 全称“Yellow dog Updater, Modified”，是一个专门为了解决包依赖关系而存在的软件包管理器。

在 openEuler 命令行中依次输入命令 cd /etc/yum.repos.d/、cat openEuler_aarch64.repo，查看 yum 源。

在命令行中输入命令 vi openEuler_aarch64. repo，编辑 openEuler_aarch64. repo 文件，在文件末尾处添加以下内容。

```
[base]
name = openEuler20.03LTS
baseurl = https://repo.openeuler.org/openEuler-20.03-LTS/OS/aarch64/
enabled = 1
gpgcheck = 0
```

编写完成后保存并退出。

在命令行中输入命令 yum makecache，更新 yum 源，如图 2.18 所示。

```
[root@localhost network-scripts]# yum makecache
openEuler20.03LTS                              393 kB/s | 3.2 MB     00:08
Last metadata expiration check: 0:00:15 ago on Wed 27 Jan 2021 03:32:42 AM UTC.
Metadata cache created.
```

图 2.18　yum 源的更新

至此，yum 源配置已完成，接下来可以从网络上下载工具。

在命令行中输入命令 yum install gcc gcc-c++ libstdc++-devel，安装 C/C++ 语言编译器，如图 2.19 和图 2.20 所示。

```
[root@localhost network-scripts]# yum install gcc gcc-c++ libstdc++-devel
Last metadata expiration check: 0:08:17 ago on Wed 27 Jan 2021 03:32:42 AM UTC.
Dependencies resolved.
================================================================================
 Package             Arch        Version                        Repo      Size
================================================================================
Installing:
 gcc                 aarch64     7.3.0-20190804.h31.oe1         base     9.7 MB
 gcc-c++             aarch64     7.3.0-20190804.h31.oe1         base     6.7 MB
 libstdc++-devel     aarch64     7.3.0-20190804.h31.oe1         base     1.1 MB
Installing dependencies:
 cpp                 aarch64     7.3.0-20190804.h31.oe1         base     6.0 MB
 glibc-devel         aarch64     2.28-36.oe1                    base     2.6 MB
 kernel-devel        aarch64     4.19.90-2003.4.0.0036.oe1      base      15 MB
 libmpc              aarch64     1.1.0-3.oe1                    base      55 kB
 libxcrypt-devel     aarch64     4.4.8-4.oe1                    base     106 kB
 pkgconf             aarch64     1.6.3-6.oe1                    base      56 kB

Transaction Summary
================================================================================
Install  9 Packages

Total download size: 41 MB
Installed size: 156 MB
Is this ok [y/N]:
```

图 2.19　编译器的安装

```
Downloading Packages:
(1/9): cpp-7.3.0-20190804.h31.oe1.aarch64.rpm    788 kB/s | 6.0 MB     00:07
(2/9): gcc-c++-7.3.0-20190804.h31.oe1.aarch64.r  679 kB/s | 6.7 MB     00:10
(3/9): glibc-devel-2.28-36.oe1.aarch64.rpm       980 kB/s | 2.6 MB     00:02
(4/9): libmpc-1.1.0-3.oe1.aarch64.rpm            504 kB/s |  55 kB     00:00
(5/9): libstdc++-devel-7.3.0-20190804.h31.oe1.a  970 kB/s | 1.1 MB     00:01
(6/9): libxcrypt-devel-4.4.8-4.oe1.aarch64.rpm   687 kB/s | 106 kB     00:00
(7/9): pkgconf-1.6.3-6.oe1.aarch64.rpm           450 kB/s |  56 kB     00:00
(8/9): gcc-7.3.0-20190804.h31.oe1.aarch64.rpm    746 kB/s | 9.7 MB     00:13
(9/9): kernel-devel-4.19.90-2003.4.0.0036.oe1.a  1.0 MB/s |  15 MB     00:14
--------------------------------------------------------------------------------
Total                                            1.6 MB/s |  41 MB     00:25
Running transaction check
Transaction check succeeded.
Running transaction test
```

图 2.20　编译器的安装成功提示

编译器安装完成后即可进行程序测试。

（5）程序测试

在 openEuler 命令行中输入命令 vi hello.c，创建并编写 hello.c 文件，编写 hello world 测试程序，代码如下。

```
#include<stdio.h>
int main()
{
    printf("Hello World! \n");
    return 0;
}
```

在命令行中依次输入命令 gcc hello.c -o hello、./hello，编译并运行 hello world 测试程序，如图 2.21 所示。

```
[root@localhost ~]# gcc hello.c -o hello
[root@localhost ~]# ./hello
Hello World!
[root@localhost ~]#
```

图 2.21　hello world 程序的编译与运行

程序测试完成。至此，基于 QEMU 模拟器的鲲鹏开发环境搭建完成，开发者能够使用模拟器进行基于鲲鹏处理器的程序开发与测试。

第 3 章　C 语言与鲲鹏处理器汇编语言混合编程

3.1　实验目的

通过两个 C 语言与汇编语言混合编程的实例，学习掌握 C 代码调用汇编代码和 C 代码内嵌汇编代码两种混合编程方式，同时熟悉鲲鹏处理器汇编语言的一些基础语句。

3.2　实验环境

本实验的软硬件环境如下：

- 硬件环境：具备网络连接的个人计算机、华为鲲鹏云服务器；
- 软件环境：openEuler 操作系统、gcc 编译器。

3.3　实验原理

本节分为两部分：第一部分介绍 C 代码调用汇编代码的方法，第二部分介绍 C 代码内嵌汇编代码的语法格式和注意事项。

3.3.1　C 代码调用汇编代码

C 语言程序调用汇编语言程序有两个关键点——调用与传参。对于调用，开发者需要在汇编程序中通过 .global 定义一个全局函数，并在 C 代码中通过 extend 关键字对该函数加以声明，之后可在 C 代码中直接调用该函数。

关于 C 语言与汇编语言混合编程的参数传递，鲲鹏处理器提供了 31 个通用寄存器，用途详见表 3.1。

表 3.1　鲲鹏处理器的通用寄存器

寄存器	用途
x0 ~ x7	传递参数和返回值，x0 ~ x7 最多只能传递 8 个参数，其余的参数通过堆栈传递，64 位的函数返回结果保存在 x0 中

续表

寄存器	用途
x8	用于保存子程序的返回地址
x9~x15	临时寄存器，也叫可变寄存器，子程序使用时无须保存
x16~x17	子程序内部调用寄存器，使用时无须保存
x18	平台寄存器，保留供平台应用程序二进制接口(ABI)使用
x19~x28	临时寄存器，子程序使用时必须保存
x29	帧指针寄存器(FP)，用于连接栈帧，使用时必须保存
x30	链接寄存器(LR)，用于保存子程序的返回地址

C代码调用汇编代码时，参数传递用到寄存器 x0~x7，若参数个数大于 8 个，则需要使用堆栈来传递参数。x9~x15 和 x19~x28 这两组寄存器都是在子程序中使用的临时寄存器，子程序在使用 x19~x28 寄存器前，需要先将寄存器内原有的内容保存才能进行覆盖，子程序退出前，需要将先前保存的内容恢复到寄存器中，之后才能退出。而 x9~x15 这组寄存器使用时无须保存，可直接使用。

3.3.2 C代码内嵌汇编代码

1. 内嵌汇编格式

C语言是无法完全代替汇编语言的。一方面，汇编语言的效率和执行精准度比C语言高；另一方面，汇编语言的某些特殊语句在C语言中没有等价的语法。因此，有些功能需要C语言与汇编语言共同完成，除了采用C代码调用汇编代码之外，还可以在C代码中内嵌汇编代码来实现。

在C语言代码中内嵌汇编语句的基本格式为：

```
__asm__ __volatile__(
    "asm code"
    : output
    : input
    : clobber
);
```

上述代码中，关键字__asm __与__volatile __前后各有两个下画线，并且两个下画线之间没有空格。__asm __用于声明这行代码是一个内嵌汇编表达式，是内嵌汇编代码时必不可少的关键字。__volatile __用于指示编译器不要优化内嵌的汇编语句，防止汇编语句被编译器修改而无法达到预期的效果。

圆括号内包含 4 个部分：汇编语句(asm code)、输出操作数列表(output)、输入操作数列表(input)和破坏描述符列表(clobber)。这 4 个部分之间用“:”隔开，其中，输入操作数列表部分和破坏描述符列表部分是可选的。

若不使用 clobber 列表，则格式可以简化为：

```
__asm__ __volatile__(
      "asm code"
      : output
      : input
);
```

若不使用 input 列表，则格式可以简化为：

```
__asm__ __volatile__(
      "asm code"
      : output
      :
      : clobber
);
```

若不使用 input 列表和 clobber 列表，则格式可以简化为：

```
__asm__ __volatile__(
      "asm code"
      : output
);
```

2. asm code

内嵌汇编语句以字符串的形式出现，所有的汇编语句必须放在一个用双引号定义的字符串内。为了增加代码的可读性，通常将每个汇编语句单独放一行，每行都以一个字符串的形式存在，在编写时需在字符串的结尾处添加换行符\n 或制表符\t。汇编代码部分的形式如下。

```
__asm__ __volatile__(
      …
      "mov x1, #0\n\t"          // 将立即数 0 传送至 x1 寄存器中
      "mov x2, #0\n"            // 将立即数 0 传送至 x2 寄存器中
      …
      : output
      : input
      : clobber
);
```

C 语言内嵌汇编的汇编语句格式与独立的汇编语言源程序语句格式十分相似，只有操作数的用法不同。操作数的形式除了常规的寄存器和变量标号外，最典型的是“%n”形式。操作数“%n”示例如下。

```
__asm__ __volatile__(
    …
    "mov%0, %1\n\t"         // 将参数 1 赋值给参数 0
    "add%0, %1, #1\n"       // 将参数 1 加 1 的结果赋值给参数 0
    …
    : output
    : input
    : clobber
);
```

output 和 input 列表中定义的参数按照在列表中出现的顺序从 0 至 N-1 进行编号，“%n”的操作数代表 output 和 input 列表中定义的第 n(0 至 N-1)号参数。如果某操作数既作为输入参数，也作为输出参数，那么该参数在 output 列表中进行约束说明即可。

3. output 列表

output 列表中的参数相当于内嵌汇编代码给 C 代码的返回值。output 列表的参数格式如下。

```
__asm__ __volatile__(
    "asm code"
    : [符号名] "约束字符串"(C 变量名)
    : input
    : clobber
);
```

output 列表一共有 3 个部分：[ ]内的符号名、" "内的约束字符串和( )内的 C 变量名。

[ ]部分可省略，在内嵌的汇编语句中，可以使用“%[符号名]”形式来代替该语句的目的操作数，示例如下。

```
__asm__ __volatile__(
    …
    "mov %[output0], x1\n"   // 将 x1 寄存器的值赋值给 variable0
    "mov %[output1], x1\n"   // 将 x1 寄存器的值赋值给 variable1
    …
    : [output0] " +r " (variable0), [output1] " =&r " (variable1)
);
```

( )内的 C 变量名是 C 代码中的待赋值变量，其值存放在编译器为其分配的某一寄存器中，该分配过程是隐式进行的。C 变量的类型及其对应的字节数目应当与汇编语句中与其对应的寄存器的宽度保持一致。

"+r"和"=&r"中的约束字符串由两部分组成：C 变量的存放位置类型和修

饰符。C 变量的存放位置有两种：r 代表 C 变量存放在某个通用寄存器中，m 代表 C 变量存放在内存地址中。修饰符有 3 种："+"代表该变量可读可写，既可以读取变量的值，也可以改变变量的值；"="代表该变量只能写，在汇编代码中只能改变 C 变量的值，而不能读取它的值；"&"代表该变量不能使用输入部分使用过的寄存器，"&"只能以"+&"或"=&"的形式使用。

在示例代码中，output 列表有两个输出值，分别为 output0 和 output1，分别对应了 C 变量 variable0 和 variable1，这两个输出值分别存放在了两个寄存器中，寄存器由编译器自动分配。variable0 的寄存器是可读可写的，variable1 的寄存器是只写的，即只能修改该变量的值，而不能读取该变量的值，输入部分使用过的寄存器不能用作 variable1 的寄存器。

C 语言内嵌汇编代码中，参数的传递用到的是 x0～x7 这 8 个 64 位通用寄存器，依次对应参数 1、参数 2、参数 3……参数 8。当 C 变量的存放位置类型为 r 类型时，编译器默认从这 8 个 64 位通用寄存器中选出一个未被分配过的寄存器来分配给 C 变量。

4. input 列表

input 用于 C 代码向内嵌汇编代码传入参数。input 列表的参数格式与 output 列表相似，示例如下。

```
__asm__ __volatile__(
        "asm code"
        : output
        : [符号名] "约束字符串"(C 变量名或立即数)
);
```

input 列表一共有 3 个部分：[ ]内的符号名、" "内的约束字符串和( )内的 C 变量名或立即数。

[ ]部分可省略，在内嵌的汇编语句中，可以使用“%[符号名]”形式来代替该语句的源操作数，示例如下。

```
__asm__ __volatile__(
        …
        "mov %0, %[in]\n"
        …
        : "=&r"(output1)          // 输出操作数，可用%0 表示
        : [in]"r"(input)          // 输入操作数，可用%1 或%[in]表示
);
```

input 列表( )内既可以是 C 变量名也可以是立即数。C 变量名的用法与 output 列表中的 C 变量名一致，其值存放在编译器为其分配的某一寄存器中，该分配过程也是隐式进行的。C 变量的类型及其对应的字节数目应当与汇编语句中与其对应的寄存器的宽度保持一致。

" "中的约束字符串定义了 C 变量或常量的存放位置，如表 3.2 所示。

表 3.2　输入约束字符串中存放位置类型及含义

存放位置类型	含义
r	使用任何可用的通用寄存器(变量或立即数)
m	使用变量的内存地址(不能用于立即数)
i	使用立即数(不能用于变量)
0	与第一个输出参数共用同一个寄存器

输入操作数是只读或可读可写的。如果某操作数既作为输入参数，也作为输出参数，那么其是可读可写的，但是需要在输出操作数列表部分使用约束符号“+”来声明其可读可写，不能在输入操作数列表中对其进行描述。

若输入参数存放在寄存器中，使用的寄存器只能是 64 位的 xn 寄存器，而不能是 32 位的 wn 寄存器。

使用限制符“0”来约束 C 变量或常量的存放位置时，需要注意内嵌汇编代码的语句顺序。如果该输入参数所对应的寄存器作为输出参数对应的寄存器已经被修改过了，那么就会发生错误。

5. clobber 列表

采用 gcc 编译器编译程序分为 4 个阶段：预处理、编译、汇编、链接。其中，编译是将 C 代码编译成汇编代码，对于内嵌的汇编代码，编译器只解析输入、输出操作数，其他部分不会处理。因此在编译阶段，编译器无法获知内嵌汇编代码静态地使用了哪些寄存器或修改了哪些内存，这就可能导致 C 代码和内嵌汇编代码使用同一寄存器，从而产生冲突。

clobber 列表也称作破坏描述符列表或修改描述符列表，将内嵌汇编代码执行过程中被修改的寄存器、内存空间或标志寄存器等通知编译器，以便编译器在编译内嵌汇编代码时插入相应的保护现场和恢复现场的代码，并保持这些内容不变。不同的编译器对 clobber 列表的处理方法也可能不同。

clobber 列表的示例如下。

```
__asm__ __volatile__(
      "asm code"
      : output
      : input
      : "cc", "memory", "x0", "x1", "x2", "x3"
);
```

在本例中，"cc"用于通知标志寄存器的修改。当内嵌汇编代码中包含影响标志寄存器的条件时，就需要使用"cc"定义，从而保证在执行内嵌汇编代码前后，标志寄存器值保持不变。

"memory"用于通知内存的修改，使用"memory"声明之后，编译器就会知道某些内存数据单元会被隐性使用或修改。因此在执行内嵌汇编代码之前，需要保证所有与内存相关的寄存器中的内容都刷新到内存中，之后再执行内嵌汇编代码。内嵌汇编代码执行完毕后，这些寄存器的值会被重新加载回来，这就保证了所有操作用到的数据都是最新的、正确的。

"x0"、"x1"、"x2"和"x3"用于通知寄存器的修改，对于 input 和 output 列表的寄存器，不需要在 clobber 列表中进行声明。

3.4　实验任务

本实验的任务共有两个：

(1) 编写 C 代码调用汇编代码，实现数组的选择排序；

(2) 编写 C 代码内嵌汇编代码，实现累加和的计算。

本实验在华为鲲鹏云服务器中进行，云服务器的购买等操作请参考“附录 A　华为云实验环境搭建”，后续实验也都在华为云服务器中进行。openEuler 常用命令以及鲲鹏处理器部分指令的详细介绍请参考“附录 B　openEuler 常用命令”以及“附录 C　鲲鹏处理器常用指令”。

3.4.1　C 代码调用汇编代码

本小节示例程序实现选择排序功能。排序前，在 C 代码中定义初始数组，之后调用汇编代码对初始数组进行排序，最后输出排序之后的数组。传入汇编代码中的参数为数组的首地址，存放在 x0 寄存器中。汇编代码中，x1 和 x2 分别存放每步待比较两数的地址，w3 和 w4 分别存放待比较两数的值，x6 为外层循环计数器，x7 为内层循环计数器。

对于鲲鹏处理器的寄存器来说，x 开头代表它是一个 64 位寄存器，w 开头代表它是一个 32 位寄存器。本小节示例程序中数组定义为整型数组，每个数组元素占 4 字节，因此使用 w 寄存器来存放比较值。操作步骤如下。

(1) 登录华为鲲鹏云服务器，进入控制台，如图 3.1 所示。

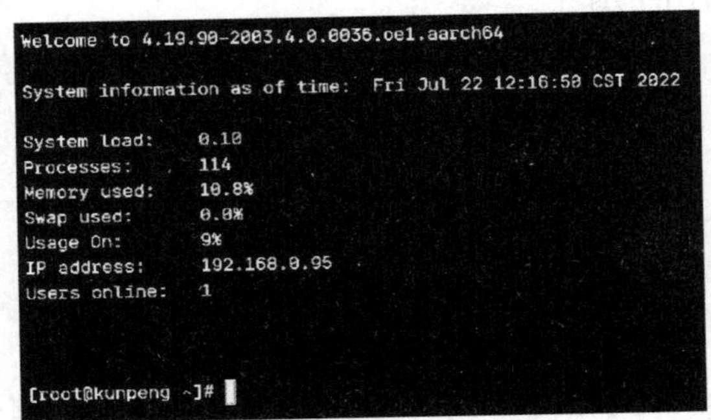
Welcome to 4.19.90-2003.4.0.0036.oe1.aarch64
System information as of time: Fri Jul 22 12:16:58 CST 2022
System load: 0.10
Processes: 114
Memory used: 10.8%
Swap used: 0.0%
Usage On: 9%
IP address: 192.168.0.95
Users online: 1
[root@kunpeng ~]#

图 3.1　华为鲲鹏云服务器控制台

(2) 在命令行中输入命令 cd /home，进入到“home”目录下。注意：为了规范文件路径，后续实验文件夹都将在“home”目录下创建。

(3) 在命令行中依次输入命令 mkdir sort、cd sort，创建并进入“sort”文件夹。

(4) 在命令行中输入命令 vim sort.c，创建并编写 sort.c 文件，内容如下。

```
#include <stdio.h>
extern void sort(int *a);                        // 声明外部函数 sort()
int main()
{
    int a[6] = {66, 11, 44, 33, 55, 22};         // 定义初始数组(排序前)
    printf("Before:\t");
    for (int i = 0; i < 6; i++)
    {
        printf("%d ", a[i]);                     // 输出排序前的数组
    }
    sort(a);                                     // 调用 sort 进行选择排序
    printf("\nSort:\t");
    for (int i = 0; i < 6; i++)
    {
        printf("%d ", a[i]);                     // 输出排序后的数组
    }
    printf("\n");
    return 0;
}
```

编写完成后保存并退出。

(5) 在命令行中输入命令 vim call.s，编写汇编代码，内容如下。

```
.global sort             // 声明汇编程序为全局函数
sort:
    mov x6, #6           // 初始化外层循环次数
loop1:
    mov x7, x6           // 初始化内层循环次数
    // 将初始地址存入 x1 和 x2
    mov x2, x0
    mov x1, x0
loop2:
    sub x7, x7, #1       // 内层循环计数器自减
    add x2, x2, #4       // x2 中的地址增加 4 位，即指向下一个数
    // 将 x1 和 x2 存放的地址指向的值分别存入 w3 和 w4
    ldr w3, [x1]
    ldr w4, [x2]
```

```
        cmp w3, w4          // 比较 w3 和 w4 的值，判断是否需要交换
        bls next            // w3 小于或等于 w4 时无须交换，跳转到 next
        // w3 大于 w4 时数值互换
        str w3, [x2]
        str w4, [x1]
next:
        cmp x7, #1          // 内层循环结束判断
        bne loop2           // 内层循环跳转
        add x0, x0, #4      // 选择排序判断下一个数应为多少
        sub x6, x6, #1
        cmp x6, #1          // 外层循环结束判断
        bne loop1           // 外层循环跳转
ret
```

编写完成后保存并退出。

(6) 在命令行中输入命令 gcc sort. c call. s -o sort，编译选择排序程序。

(7) 在命令行中输入命令 ./sort，运行选择排序程序，如图 3.2 所示。

```
[root@kunpeng sort]# gcc sort.c call.s -o sort
[root@kunpeng sort]# ./sort
Before: 66 11 44 33 55 22
Sort:    11 22 33 44 55 66
[root@kunpeng sort]#
```

图 3.2　排序程序的编译与运行

编译成功，排序结果正确，说明 C 代码成功调用了汇编代码。

3.4.2　C 代码内嵌汇编代码

本小节示例程序实现的功能是输入一个正整数，输出从 0 至该正整数的累加和，输入输出功能在 C 代码中实现，计算功能在内嵌汇编代码中实现。需要传入的参数是输入的正整数，汇编代码传出的参数为累加和，因此仅使用 x0 寄存器即可实现参数传递功能。操作步骤如下。

(1) 登录华为鲲鹏云服务器并进入到"home"目录下。

(2) 在命令行中依次输入命令 mkdir builtin、cd builtin，创建并进入"builtin"文件夹。

(3) 在命令行中输入命令 vim builtin. c，创建 builtin. c 文件，内容如下。

```
#include <stdio.h>
int main()
{
    int val, sum;
    printf("请输入一个正整数:");
    scanf("%d", &val);
```

```
    __asm__ __volatile__(
        "mov x1, #0\n"
        "add:\n"
        "add x1, x1, x0\n"
        "sub x0, x0, #1\n"
        "cmp x0, #0\n"
        "bne add\n"
        "mov x0, x1\n"
        :"=r"(sum)
        // 0 代表与第一个输出参数共用同一个寄存器
        :"0"(val)
        :
    );
    printf("Sum is %d\n", sum);
    return 0;
}
```

编写完成后保存并退出。

(4) 在命令行中输入命令 gcc builtin. c -o builtin，编译累加和计算程序。

(5) 在命令行中输入命令 ./builtin，运行累加和计算程序，如图 3.3 所示。

```
[root@kunpeng builtin]# gcc builtin.c -o builtin
[root@kunpeng builtin]# ./builtin
请输入一个正整数: 100
Sum is 5050
[root@kunpeng builtin]#
```

图 3.3 累加和计算程序的编译与运行

编译成功，输入正整数 100，输出累加和 5050，程序执行结果正确，说明 C 代码内嵌汇编代码编写成功。

3.5 思考题

参照 3.4.1 小节中的选择排序，使用 C 代码调用汇编代码的方式实现冒泡排序。C 代码 sort. c 代码已给出，内容如下。

```
#include <stdio.h>
extern void sort(int *a);                    // 声明外部冒泡排序函数
                                             // sort()
int main()
{
    int a[6] = {66, 11, 44, 33, 55, 22};     // 初始数组(排序前)
    printf("Before:\t");
```

```
        for (int i = 0; i < 6; i++)
        {
            printf("%d ", a[i]);
        }                                       // 输出排序前的数组
        sort(a);                                // 调用 sort 进行冒泡排序
        printf("\nSort:\t");
        for (int i = 0; i < 6; i++)
        {
            printf("%d ", a[i]);                // 输出排序后的数组
        }
        printf("\n");
        return 0;
    }
```

要求：编写汇编代码 bubble.s 实现冒泡排序子程序 sort，x0 寄存器存放待排序数组首地址，x1、x2 寄存器存放待比较两数的地址，w3、w4 寄存器存放待比较两数的值，x6 寄存器存放外层循环次数，x7 寄存器存放内层循环次数。

第 4 章　鲲鹏处理器 C 程序优化

4.1　实验目的

C 语言的运行效率与编译器、硬件体系结构密切相关。将用 C 语言编写的功能相同、实现方式不同的可执行程序转换为对应的汇编代码，分析不同汇编代码的规模和运行效率，以此识别不同 C 语言编程方式的优劣，探索针对特定硬件的高效 C 语言编程方法，并以此了解鲲鹏处理器的硬件特性。

4.2　实验环境

本实验的软硬件环境如下：

- 硬件环境：具备网络连接的个人计算机、华为鲲鹏云服务器；
- 软件环境：openEuler 操作系统、gcc 编译器。

4.3　实验原理

鲲鹏处理器在高端服务器平台中应用十分广泛，如何在鲲鹏平台上高效地进行 C 程序设计无疑是个十分重要的问题。如果使用鲲鹏汇编语言进行程序设计，每一条汇编语句都对应一个专门的操作，从语句到处理器动作具有一一对应关系，这种编程方式是一目了然的。当使用 C 语言编程时，由于从 C 源代码到可执行程序的转换过程需要编译器的参与，由编译器编译得到的可执行文件与直接用汇编语言设计的程序相比，增加了很多冗余代码，如果能够在一定程度上减少这类冗余代码，显然可以提高程序的执行效率。同时，不同体系结构对同样一份 C 程序的支撑程度是不同的，若能针对鲲鹏处理器体系结构进行程序设计优化，也有助于提高软件的运行效率。因此，在鲲鹏处理器/gcc 编译器的开发环境中，如何设计尽量简洁高效的 C 程序是本节主要研究的问题。

代码优化主要考虑降低代码的时间复杂性和空间复杂性，随着硬件价格的迅速降低，存储器空间矛盾已经不是那么突出，因此如何减少程序的执行时间更加受到广泛关注。统计表明，程序执行时，大约 80% 的时间都被用来执行

20% 的代码部分，因此如何能提高这 20% 的代码的效率就变得异常重要。

本节分别从平台特性、数据类型和边界对齐 3 个方面来讨论如何进行高效率的鲲鹏处理器 C 程序设计。

4.3.1　平台特性

编程时，需要考虑鲲鹏处理器的硬件特性，例如处理器字长，以及编译器特性，我们称之为平台特性。

假设有这样一段 C 代码：

```
void setzero(char *p, int n)
{
    for (; n > 0; n--)
    {
        *p = 0;
        p++;
    }
}
```

这段代码的目的是将字符型指针 p 指向的单元起始的连续 n 个字节清零。此处 p 采用的是字符型指针，*p 是一个字符型的数据，用 1 个字节来表示，因此每次循环可以使 1 个字节清零。假设设计者确知 n 是一个比较大的数，就可以把 p 定义为整型指针，一次清除 4 字节的内存空间，效率得到明显提高。再如，如果该段代码的设计初衷是将某确定硬件平台上的若干个字清零，例如是 32 位处理器，那么每个字包含 4 个字节，实际清零的字节数即为 4 的整数倍，采用整型指针效果就会更加明显。反之，如果 p 是字符型指针，即使 n 是 4 的倍数，编译器为了保险，也仍然会逐个字节清零，可见不同的 C 表达方式导致不同的运行效率。

同时，需要考虑 n 有可能为 0，因此决定执行循环体之前，首先要进行 n 是否大于 0 的判断。但是，实际工作中，程序员有可能能够保证 n 恒不为 0，此时在第一次执行循环体前仍然判断 n 的值是否大于 0 就是一种浪费。

因此可以得到一个结论：编译器是最保守的，它必须从最坏情况考虑，保证在各种情况下程序的逻辑都不会出错，甚至有时会为此而牺牲一些效率。如果对编译器的这种特性比较了解，就可以通过改变编码方式，显式地告知编译器程序员的用意，以及硬件平台的特点，就可以有针对性地利用编译器的某种特质，提高程序的执行效率。

4.3.2　数据类型

假设有这样一段代码，完成 100 次某操作：

```
unsigned char i;
for (i = 0, i < 100, i++)
```

```
    {
        …
    }
```

设计者的意图是既然循环次数为 100 次，而无符号字符型变量的表示范围是 0~255，那么把 i 声明为字符型变量既能满足程序逻辑要求，又是一种“很节省存储空间”的设计方法。但是，如果对程序的存储结构比较了解，就会发现这是一个典型的误区。

现代计算机体系结构中，一般都有“边界对齐”的概念，这是由存储器的硬件结构决定的。边界对齐是指对于存放某长度为 n 字节的数据，存放地址需为 n 的整数倍。例如，单字节的数据可以存放到任意地址处；2 字节的数据需要存放在偶数地址处，即 2 的整数倍地址处；4 字节的数据需要存放在二进制末尾为 00 的地址处，即 4 的整数倍地址处；8 字节的数据需要存放在二进制末尾为 000 的地址处，即 8 的整数倍地址处。在变量边界对齐的情况下，每个多字节数据都保存在一个独立的存储字中，不存在跨字存储的情况，因此每次总线操作都可以完成一次访存，数据的读写速度相对较快。但是，边界对齐方式有可能会浪费存储空间，极端情况下，多个整型数据和多个字符型数据间隔存储，每个数据都会占据一个完整的存储字，即使是一个字符型数据，也会被分配一个完整的存储字，因此这段存储区域的利用率将降到最低。可见，当边界对齐时，使用字符型变量作为计数器，并不能够节省存储空间。

考虑程序的执行效率，数据都是存放到寄存器中参与运算的，对于 32 位寄存器，假设变量 i 已经被显式地声明为 16 位数据类型，编译器要保证在任何时候，寄存器的高 16 位均为 0，这会额外消耗运行时间。如果查看相应的汇编代码，可以发现这是通过在程序中插入类似“and w0,w0,#0xffff”的语句来实现的。如果使用整型变量作为计数器，变量长度与寄存器长度一致，就不需要上述“与”语句，程序执行效率会得到提高。

当进行函数调用时，如果参数和返回值声明为较短的数据类型，如短整型或字符型，也会存在同样的问题。参数传递时，仍然会把寄存器中的数缩减为较短的数据类型，无论这一工作是在函数调用前还是调用后来完成，都会增加额外的语句。因此，采用整型参数是合适的做法。

负数在计算机中以补码形式表示，有符号数和无符号数对程序运行效率也是有影响的。做除法时，对于无符号数，除以 2 相当于把这个数右移 1 位，左侧补 0。对于有符号数，要先给这个数的补码加 1，然后右移 1 位，左侧补 1。例如，对于 32 位机，-5 的补码高 29 位是 1，低 3 位是 011，加 1 后变为高 30 位为 1，低 2 位为 0，然后右移 1 位，最高位补 1，数值变为-2。如果直接右移，结果是错误的。鲲鹏处理器的 gcc 编译器对于除以 2 的做法是，一律把此数值的符号位加到数值本身，然后右移 1 位，原符号位不变。因此，在除法中尽可能使用无符号数，可以提高程序执行效率。

4.3.3　结构体定义

对齐问题对结构体也有影响，在结构体中定义的若干变量如果是长短相间的，由于对齐的要求，势必会浪费一些空间。例如一个整型变量和一个字符型变量放在一起，总共占用 8 个字节空间，但是其中保存有效数据的只有 5 个字节，造成空间浪费。但是，如果不考虑对齐，各类型数据连续在内存中存放，将有可能造成多字节数据跨字存储，因此需要两次访存操作才能读取一个完整的多字节数据。如何把访问速度和空间占用同步进行优化，是需要考虑的问题。

在定义变量时，既要考虑编译器特性，又要考虑硬件特性。可以采用这样的策略：首先定义所有的 8 位变量，其次定义所有的 16 位变量，然后定义所有的 32 位变量，最后定义所有的 64 位变量，按照这样从小到大的顺序，可以把浪费的空间减到最小。

4.4　实验任务

本实验的任务共有两个：

（1）编写循环程序，通过将其转换为汇编代码分析数据类型对程序效率的影响，并通过计算不同函数的执行时间观察优化效果；

（2）编写结构体示例程序，通过汇编代码分析结构体边界对齐对程序效率的影响。

4.4.1　数据类型优化

本小节通过将示例 C 程序转换为汇编代码，观察汇编代码中循环内的语句条数，以此来分析数据类型对程序效率的影响，并给出优化方案，之后通过计算函数的执行时间观察优化效果。操作步骤如下。

（1）登录华为鲲鹏云服务器，进入控制台。

（2）在命令行中输入命令 cd /home，进入到“home”目录下。

（3）在命令行中依次输入命令 mkdir datatype、cd datatype，创建并进入“datatype”文件夹。

（4）在命令行中输入命令 vim checksum_v1.c，创建并编写 checksum_v1.c 文件，内容如下。

```
#include <stdio.h>
#include <stdlib.h>
#include <time.h>
short checksum_v1(short *data)
{
    short i;
    short sum = 0;
    for (i = 0; i < 64; i++)
```

```
            sum += data[i];
        return sum;
    }
    int main()
    {
        short total;
        short arr[64] = {1};
        struct timespec t1, t2;                              //定义起止时间
        int i = 0;
        clock_gettime(CLOCK_MONOTONIC, &t1);                 //记录开始时间
        //执行 100 万次
        for (; i < 1000000; i++)
        {
            total = checksum_v1(arr);                        //函数调用
        }
        clock_gettime(CLOCK_MONOTONIC, &t2);                 //记录结束时间
        //得出目标代码段的执行时间
        printf("Time is %llu ns\n", t2.tv_nsec - t1.tv_nsec);
        return 0;
    }
```

编写完成后保存并退出。

(5) 在命令行中输入命令 gcc checksum_v1.c -o checksum_v1，编译程序。

(6) 在命令行中输入命令 objdump -d checksum_v1，反汇编可执行程序，得到汇编代码如图 4.1 所示。

```
0000000000400674 <checksum_v1>:
  400674:       d10083ff        sub     sp, sp, #0x20
  400678:       f90007e0        str     x0, [sp, #8]
  40067c:       79003bff        strh    wzr, [sp, #28]
  400680:       79003fff        strh    wzr, [sp, #30]
  400684:       14000010        b       4006c4 <checksum_v1+0x50>
  400688:       79803fe0        ldrsh   x0, [sp, #30]
  40068c:       d37ff800        lsl     x0, x0, #1
  400690:       f94007e1        ldr     x1, [sp, #8]
  400694:       8b000020        add     x0, x1, x0
  400698:       79c00000        ldrsh   w0, [x0]
  40069c:       12003c01        and     w1, w0, #0xffff
  4006a0:       79403be0        ldrh    w0, [sp, #28]
  4006a4:       0b000020        add     w0, w1, w0
  4006a8:       12003c00        and     w0, w0, #0xffff
  4006ac:       79003be0        strh    w0, [sp, #28]
  4006b0:       79c03fe0        ldrsh   w0, [sp, #30]
  4006b4:       12003c00        and     w0, w0, #0xffff
  4006b8:       11000400        add     w0, w0, #0x1
  4006bc:       12003c00        and     w0, w0, #0xffff
  4006c0:       79003fe0        strh    w0, [sp, #30]
  4006c4:       79c03fe0        ldrsh   w0, [sp, #30]
  4006c8:       7100fc1f        cmp     w0, #0x3f
  4006cc:       54fffded        b.le    400688 <checksum_v1+0x14>
  4006d0:       79c03be0        ldrsh   w0, [sp, #28]
  4006d4:       910083ff        add     sp, sp, #0x20
  4006d8:       d65f03c0        ret
```

图 4.1　反汇编结果

去掉反汇编结果中的机器码列，checksum_v1()函数的反汇编代码如下。

```
0000000000400674 <checksum_v1>:
  400674:        sub sp, sp, #0x20        ; 开辟 32 字节的栈空间
  400578:        str x0, [sp, #8]         ; 对应参数 data 指针
  40057c:        strh wzr, [sp, #28]      ; 对应 short sum
  400580:        strh wzr, [sp, #30]      ; 对应 short i
  ; 跳转至地址 4006c4 进入循环
  400584:        b 4006c4 <checksum_v1+0x50>

  ; 循环体
  ; 栈中的数组下标 i 取出到 x0 寄存器
  400588:        ldrsh x0, [sp, #30]
  ; x0 逻辑左移 1 位，即数组下标乘 2，即当前数据的地址偏移量
  40058c:        lsl x0, x0, #1
  ; 栈中的首地址 data 取出到 x1 寄存器
  400590:        ldr x1, [sp, #8]
  ; 计算待取出数据的地址，为数据块首地址+偏移量
  400594:        add x0, x1, x0
  ; 取出对应内存地址的数据存入 w0 寄存器
  400598:        ldrsh w0, [x0]
  ; 通过按位与操作确保数据为 16 位 short 类型，存入 w1 寄存器
  40059c:        and w1, w0, #0xffff
  ; 取出当前的累加和 sum，存入 w0 寄存器
  4006a0:        ldrh w0, [sp, #28]
  ; 将取出的数据累加至校验和中，并存入 w0 寄存器
  4006a4:        add w0, w1, w0
  ; 通过按位与操作确保校验和数据为 16 位 short 类型
  4006a8:        and w0, w0, #0xffff
  ; 将校验和存储至栈中
  4006ac:        strh w0, [sp, #28]
  ; 从栈中取出数组下标存入 w0 寄存器
  4006b0:        ldrsh w0, [sp, #30]
  ; 通过按位与操作确保数据为 16 位 short 类型
  4006b4:        and w0, w0, #0xffff
  ; 数组下标自增
  4006b8:        add w0, w0, #0x1
  ; 通过按位与操作确保数据为 16 位 short 类型
  4006bc:        and w0, w0, #0xffff
  ; 将增加后的数组下标存入栈
  4006c0:        strh w0, [sp, #30]
```

```
; 再次从栈中取出数组下标，存入 w0 寄存器
4006c4:        ldrsh w0, [sp, #30]
; 比较 w0 和 63 的大小关系
4006c8:        cmp w0, #0x3f
; 数组下标小于或等于 63 则跳转至地址 400588 继续执行
4006cc:        b.le 400588 <checksum_v1+0x14>

; 从栈中取出校验和 sum 存入 w0 寄存器，用于参数返回
4006d0:        ldrsh w0, [sp, #28]
; 恢复栈指针
4006d4:        add sp, sp, #0x20
; 程序返回
4006d8:        ret
```

对汇编语句进行分析，过程如下。

“sub sp,sp,#0x20”通过将堆栈指针 sp 减 32 来开辟 32 字节的栈空间，该片栈空间用于系统存放参数或临时变量，栈空间的开辟如图 4.2 所示。

“str x0,[sp,#8]”将 x0 寄存器入栈。

“strh wzr,[sp,#28]”中的 wzr 寄存器为 32 位的零寄存器，该语句用于将栈中 16 位地址空间清零，同时该地址空间对应 C 代码中 short 类型的 sum 变量。

“strh wzr,[sp,#30]”中的 strh 指令用于从源寄存器中将一个 16 位的半字数据传送至内存中，该语句中的地址对应 C 代码中 short 类型的变量 i。参数以及各临时变量在栈空间中存放的位置如图 4.3 所示。

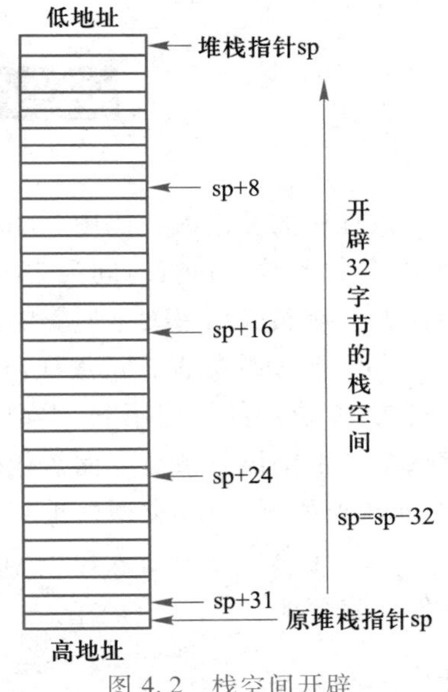

图 4.2 栈空间开辟

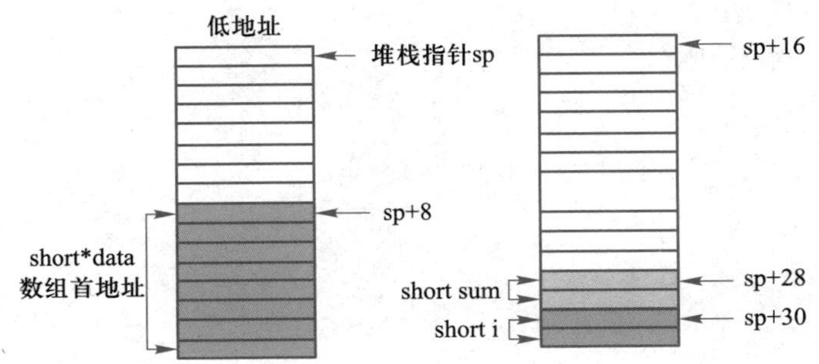

图 4.3 变量在栈中的位置

该程序只用到了 x0/w0 和 x1/w1 两个寄存器，每个寄存器在循环中都扮演

多个角色。循环的控制一共分为两步：第一步将数组下标 i 从栈中取出并存入 w0 寄存器；第二步比较 w0 寄存器与 63 的大小，判断循环是否结束。若循环结束，则将校验和 sum 从栈中取出并存入 w0 寄存器，用于参数返回；若循环未结束，则向前跳转，继续计算校验和。

校验和计算一共分为 4 步：第一步将栈中的数组下标 i 取出并存入 x0 寄存器，通过逻辑左移将 x0 寄存器的值放大 2 倍作为地址偏移量；第二步将栈中的数组首地址 data 取出并存入 x1 寄存器，通过首地址与偏移量从内存空间中取出对应地址的数组数据并存入 x1 寄存器；第三步将栈中的校验和 sum 取出并存入 w0 寄存器，将 w1 寄存器中的数组数据累加至校验和 sum 后存入 w0 寄存器，再将 w0 寄存器中的校验和恢复至栈中；第四步将栈中的数组下标 i 取出并存入 w0 寄存器，数组下标加 1 后再将 i 存入栈。校验和计算完成后，程序回到循环控制的环节中。

（7）在命令行中输入命令 ./checksum_v1，运行示例程序并记录函数耗时，如图 4.4 所示。

[root@kunpeng datatype]# ./checksum_v1
Time is 288346380 ns

图 4.4　checksum_v1() 函数耗时

该程序的反汇编代码中，checksum_v1() 函数中的循环语句内的汇编语句数为 18 条，函数的执行时间为 288 346 380 ns。程序每次执行的结果会略有偏差，但偏差值对实验结果无本质影响，后续实验同理。

short 类型的数据在汇编代码中需要通过按位与操作来确保数据的大小始终保持为 16 位。如果使用 int 类型的数据进行运算，则无须进行按位与操作，能有效减少汇编语句条数，缩短代码的执行时间，因此接下来将变量的数据类型由 short 类型改为 int 类型，重新进行编译和反汇编。

（8）在命令行中输入命令 vim checksum_v2.c，创建并编写 checksum_v2.c 文件，内容如下。

```
#include <stdio.h>
#include <stdlib.h>
#include <time.h>
int checksum_v2(int* data)
{
    int i;
    int sum = 0;
    for (i = 0; i < 64; i++)
        sum += data[i];
    return sum;
}
int main()
```

```
{
        int total;
        intarr[64] = {1};
        //定义起始与结束时间
        struct timespec t1, t2;
        int i = 0;
        clock_gettime(CLOCK_MONOTONIC, &t1);       //记录开始时间
        //执行 100 万次，减小误差的同时放大实验效果
        for (; i < 1000000; i++)
        {
            total = checksum_v2(arr);              //函数调用
        }
        clock_gettime(CLOCK_MONOTONIC, &t2);       //记录结束时间
        //得出目标代码段的执行时间
        printf("Time is %11u ns\n", t2.tv_nsec - t1.tv_nsec);
        return 0;
}
```

编写完成后保存并退出。

(9) 在命令行中输入命令 gcc checksum_v2.c -o checksum_v2，编译程序。

(10) 在命令行中输入命令 objdump -d checksum_v2，反汇编可执行程序 checksum_v2，得到汇编代码内容如下。

```
0000000004006c4 <checksum_v2>:
  4006c4:        sub sp, sp, #0x20
  4006c8:        str x0, [sp, #8]
  4006cc:        str wzr, [sp, #24]
  4006d0:        str wzr, [sp, #28]
  4006d4:        b 400704 <checksum_v2+0x40>

  ; 循环体
  4006d8:        ldrsw x0, [sp, #28]
  4006dc:        lsl x0, x0, #2
  4006e0:        ldr x1, [sp, #8]
  4006e4:        add x0, x1, x0
  4006e8:        ldr w0, [x0]
  4006ec:        ldr w1, [sp, #24]
  4006f0:        add w0, w1, w0
  4006f4:        str w0, [sp, #24]
  4006f8:        ldr w0, [sp, #28]
  4006fc:        add w0, w0, #0x1
```

```
400700:        str w0, [sp, #28]
400704:        ldr w0, [sp, #28]
400708:        cmp w0, #0x3f
40070c:        b.le 4006d8 <checksum_v2+0x14>

400710:        ldr w0, [sp, #24]
400714:        add sp, sp, #0x20
400718:        ret
```

从该汇编代码中可以看出，循环体中的语句数由 checksum_v1 中的 18 条减少为 14 条，减少的 4 条语句均为“and w0,w0,#0xffff”。

(11) 在命令行中输入命令 ./checksum_v2，运行示例程序并记录函数耗时，如图 4.5 所示。

```
[root@kunpeng datatype]# ./checksum_v2
Time is    253708334 ns
```

图 4.5　checksum_v2()函数耗时

从图 4.5 中可以得出，checksum_v2()函数的执行时间为 253 708 334 ns，较 checksum_v1 的 288 346 380 ns 有明显优化，原因是在使用 int 类型的数据进行运算时，无须进行按位与操作，减少了汇编语句条数，缩短了代码的执行时间。

假定计算校验和的数据类型只能为 short 型，在这个前提下，我们可以先用 int 类型的数据计算，计算完成后，将其强制类型转换为 short 类型，然后返回。保持数据在计算过程中始终为 int 类型，将可以避免需要经常将其缩减为 16 位的操作。

(12) 在命令行中输入命令 vim checksum_v3.c，创建并编写 checksum_v3.c 文件，内容如下。

```
#include <stdio.h>
#include <stdlib.h>
#include <time.h>
short checksum_v3(short * data)
{
    int i;
    int sum = 0;
    for (i = 0; i < 64; i++)
        sum += data[i];
    return (short) sum;
}
int main()
{
```

```
        short total;
        short arr[64] = {1};
        //定义起始与结束时间
        struct timespec t1, t2;
        int i = 0;
        clock_gettime(CLOCK_MONOTONIC, &t1);      //记录开始时间
        //执行 100 万次，减小误差的同时放大实验效果
        for (; i < 1000000; i++)
        {
            total = checksum_v3(arr);              //函数调用
        }
        clock_gettime(CLOCK_MONOTONIC, &t2);      //记录结束时间
        //得出目标代码段的执行时间
        printf("Time is %11u ns\n", t2.tv_nsec - t1.tv_nsec);
        return 0;
    }
```

编写完成后保存并退出。

(13) 在命令行中输入命令 gcc checksum_v3.c -o checksum_v3，编译程序。

(14) 在命令行中输入命令 objdump -d checksum_v3，反汇编可执行程序checksum_v3，得到汇编代码内容如下。

```
0000000000400674 <checksum_v3>:
  400674:      sub sp, sp, #0x20
  400678:      str x0, [sp, #8]
  40067c:      str wzr, [sp, #24]
  400680:      str wzr, [sp, #28]
  400684:      b 4006b8 <checksum_v3+0x44>

 ; 循环体
  400688:      ldrsw x0, [sp, #28]
  40068c:      lsl x0, x0, #1
  400690:      ldr x1, [sp, #8]
  400694:      add x0, x1, x0
  400698:      ldrsh w0, [x0]
  40069c:      mov w1, w0
  4006a0:      ldr w0, [sp, #24]
  4006a4:      add w0, w0, w1
  4006a8:      str w0, [sp, #24]
  4006ac:      ldr w0, [sp, #28]
  4006b0:      add w0, w0, #0x1
```

```
4006b4:       str w0, [sp, #28]
4006b8:       ldr w0, [sp, #28]
4006bc:       cmp w0, #0x3f
4006c0:       b.le 400688 <checksum_v3+0x14>

4006c4:       ldr w0, [sp, #24]
4006c8:       sxth w0, w0
4006cc:       add sp, sp, #0x20
4006d0:       ret
```

该汇编代码循环体中的语句数为 15 条，相较于 checksum_v1 中的 18 条减少了 3 条。循环体外多出的一条“sxth w0,w0”语句用于将 32 位 int 类型的数据转化为 16 位 short 类型的数据。

(15) 在命令行中输入命令 ./checksum_v3，运行示例程序并记录函数耗时，如图 4.6 所示。

```
[root@kunpeng datatype]# ./checksum_v3
Time is    249816655 ns
[root@kunpeng datatype]#
```

图 4.6　checksum_v3() 函数耗时

从图 4.6 中可以得出，checksum_v3() 函数的执行时间为 249 816 655 ns，较 checksum_v1 的 288 346 380 ns 同样有明显优化，优化效果与 checksum_v2 接近。使用 int 类型的数据进行中间计算，减少了按位与操作，提高了程序效率。

通过上述 3 个例子，可以得出以下结论：在局部变量的类型选择中应尽量采用 int 类型；在不影响计算正确性的前提下，可先在计算过程中使用 int 类型进行计算，计算完成后再进行强制类型转换，然后将数据返回。

下面通过一个求平均值函数，观察在除法运算中，数据类型对程序效率的影响，并寻找优化方案。

(16) 在命令行中输入命令 vim average_v1.c，创建并编写 average_v1.c 文件，内容如下。

```
#include <stdio.h>
#include <stdlib.h>
#include <time.h>
int average_v1(int a, int b)
{
    return (a + b) / 2;
}
int main()
{
    //定义起始与结束时间
```

```
        struct timespec t1, t2;
        int i = 0;
        int a = 1;
        int b = 1;
        int total;
        clock_gettime(CLOCK_MONOTONIC, &t1);        //记录开始时间
        for (; i < 1000000; i++)
        {
            //为使本例的效果更直观，循环内进行多次函数调用
            total=average_v1(a, b);
            total=average_v1(a, b);
            total=average_v1(a, b);
            total=average_v1(a, b);
        }
        clock_gettime(CLOCK_MONOTONIC, &t2);        //记录结束时间
        //得出目标代码段的执行时间
        printf("Time is %11u ns\n", t2.tv_nsec - t1.tv_nsec);
        return 0;
    }
```

编写完成后保存并退出。

(17) 在命令行中输入命令 gcc average_v1.c -o average_v1，编译程序。

(18) 在命令行中输入命令 objdump -d average_v1，反汇编可执行程序 average_v1，得到汇编代码内容如下。

```
0000000000400674 <average_v1>:
  400674:       sub sp, sp, #0x10
  400678:       str w0, [sp, #12]
  40067c:       str w1, [sp, #8]
  400680:       ldr w1, [sp, #12]
  400684:       ldr w0, [sp, #8]
  400688:       add w0, w1, w0        ; 两数(补码)相加
  40068c:       lsr w1, w0, #31       ; 逻辑右移 31 位(取出符号位)
  400690:       add w0, w1, w0        ; 若是负数，则用符号位加 1
  400694:       asr w0, w0, #1        ; 算术右移 1 位
  400698:       add sp, sp, #0x10
  40069c:       ret
```

从上述汇编代码中可以看出 average_v1() 函数的汇编语句一共有 11 条。

(19) 在命令行中输入命令 ./average_v1，运行示例程序并记录函数耗时，如图 4.7 所示。

从图 4.7 中可以得出，average_v1() 函数的执行时间为 7 326 076 ns。

```
[root@kunpeng datatype]# ./average_v1
Time is     7326076 ns
```

图 4.7　average_v1()函数耗时

average_v1()函数中，除法运算的对象为 32 位有符号数，接下来将 32 位有符号数修改为 32 位无符号数重新进行编译与反汇编。

（20）在命令行中输入命令 vim average_v2.c，创建并编写 average_v2.c 文件，内容如下。

```
#include <stdio.h>
#include <stdlib.h>
#include <time.h>
unsigned int average_v2(unsigned int a, unsigned int b)
{
    return (a + b) / 2;
}
int main()
{
    //定义起始与结束时间
    struct timespec t1, t2;
    int i = 0;
    unsigned int a = 1;
    unsigned int b = 1;
    unsigned int total;
    clock_gettime(CLOCK_MONOTONIC, &t1);      //记录开始时间
    for (; i < 1000000; i++)
    {
        //为使本例的效果更直观，循环内进行多次函数调用
        total = average_v2(a, b);
        total = average_v2(a, b);
        total = average_v2(a, b);
        total = average_v2(a, b);
    }
    clock_gettime(CLOCK_MONOTONIC, &t2);      //记录结束时间
    //得出目标代码段的执行时间
    printf("Time is %11u ns\n", t2.tv_nsec - t1.tv_nsec);
    return 0;
}
```

编写完成后保存并退出。

（21）在命令行中输入命令 gcc average_v2.c -o average_v2，编译程序。

（22）在命令行中输入命令 objdump -d average_v2，反汇编可执行程序 average_v2，得到汇编代码内容如下。

```
0000000000400674 <average_v2>:
  400674:        sub sp, sp, #0x10
  400678:        str w0, [sp, #12]
  40067c:        str w1, [sp, #8]
  400680:        ldr w1, [sp, #12]
  400684:        ldr w0, [sp, #8]
  400688:        add w0, w1, w0          ; 两数相加
  40068c:        lsr w0, w0, #1          ; 逻辑右移 1 位
  400690:        add sp, sp, #0x10
  400694:        ret
```

average_v2()函数的汇编语句一共有 9 条，相较于有符号数除法减少了两条。减少的两条语句分别为“add w0,w1,w0”和“asr w0,w0,#1”，同时 average_v1()函数中的“lsr w1,w0,#31”语句用“lsr w0,w0,#1”语句进行替换。

(23) 在命令行中输入命令 ./average_v2，运行示例程序并记录函数耗时，如图 4.8 所示。

```
[root@kunpeng datatype]# ./average_v2
Time is      6997991 ns
```

图 4.8 average_v2()函数耗时

从图 4.8 中可以得出，average_v2()函数的执行时间为 6 997 991 ns，相较于 average_v1()的 7 326 076 ns 有较显著优化。

通过对比可以看出，在鲲鹏处理器中，无符号数的除法操作使用 lsr 指令进行逻辑右移，而有符号数的除法操作使用 asr 指令进行算术右移。无符号数做除法时，除以 2 相当于把这个数右移 1 位，左侧补 0。有符号数做除法时要先给这个数的补码加上符号位，然后右移 1 位，左侧补原符号位。可见，有符号数除法的过程比无符号数烦琐，因此应尽量采用无符号数除法，以便简化流程。

通过本小节的实验可以得出以下优化思路：函数参数和返回值尽量采用整型数据；对于存放在寄存器中的变量，尽量采用整型；尽可能使用无符号数进行运算。

4.4.2 结构体优化

本小节通过对结构体示例程序进行反汇编、观察汇编代码中结构体内部的内存分配来分析边界对齐对程序效率的影响，并给出优化方案。操作步骤如下。

(1) 登录华为鲲鹏云服务器，进入控制台。

(2) 在命令行中输入命令 cd /home，进入到“home”目录下。

(3) 在命令行中依次输入命令 mkdir struct、cd struct，创建并进入“struct”

文件夹。

（4）在命令行中输入命令 vim struct. c，创建并编写 struct. c 文件，内容如下。

```
#include <stdio.h>
//结构体 1
struct struct_v1
{
    char a;
    int b;
    char c;
    short d;
};
//结构体 2
struct struct_v2
{
    char a;
    char c;
    short d;
    int b;
};
//测试函数
void test(struct struct_v1 str1, struct struct_v2 str2)
{
    str2.a = str1.a;
    str2.b = str1.b;
    str2.c = str1.c;
    str2.d = str1.d;
}
int main()
{
    struct struct_v1 str1 = { 0x11, 0x22334455, 0x66, 0x7788 };
    struct struct_v2 str2 = { 0, 0, 0, 0 };
    test(str1, str2);
    return 0;
}
```

编写完成后保存并退出。

（5）在命令行中输入命令 gcc struct. c -o struct，编译程序。

（6）在命令行中输入命令 objdump -d struct，反汇编可执行程序 struct，test()函数部分的反汇编代码内容如下。

```
00000000004005d4 <test>:
  ; 开辟 32 字节的栈空间
  4005d4:        sub sp, sp, #0x20
  ; 参数入栈
  ; x2 寄存器传递 str2，将 str2 从栈的第 8 个字节开始存储
  4005d8:        str x2, [sp, #8]
  ; x0 寄存器传递 str1 的低 8 字节，将 str1 从栈的第 16 个字节开始存储
  4005dc:        str x0, [sp, #16]
  4005e0:        ldr w0, [sp, #24]
  ; w1 寄存器传递 str1 的高 4 字节，将 str1 的高 4 字节存入 w0 寄存器
  4005e4:        bfxil w0, w1, #0, #32
  ; 将 str1 的高 4 字节从栈的第 24 个字节开始存储
  4005e8:        str w0, [sp, #24]

  ; str2.a = str1.a
  4005ec:        ldrb w0, [sp, #16]
  4005f0:        strb w0, [sp, #8]

  ; str2.b = str1.b;
  4005f4:        ldr w0, [sp, #20]
  4005f8:        str w0, [sp, #12]

  ; str2.c = str1.c;
  4005fc:        ldrb w0, [sp, #24]
  400600:        strb w0, [sp, #9]

  ; str2.d = str1.d;
  400604:        ldrsh w0, [sp, #26]
  400608:        strh w0, [sp, #10]

  40060c:        nop
  400610:        add sp, sp, #0x20
  400614:        ret
```

从上述汇编代码中可以分析出 str1 和 str2 两个结构体变量在栈中的存储情况，如图 4.9 所示，图中的 pad 代表空缺值。

鲲鹏处理器的存储方式为小端存储，即高地址存放数据的高位。由于数据要按边界对齐存储，结构体 struct_v1 的成员之间存在空闲字节，造成了空间的浪费，而结构体 struct_v2 成员之间无空闲字节，使得 struct_v2 在整体上相较于 struct_v1 节省了 4 个字节的空间，大大提高了空间利用率。

因此，在使用 C 语言编程时，需要注意结构体的边界对齐问题，合理安排

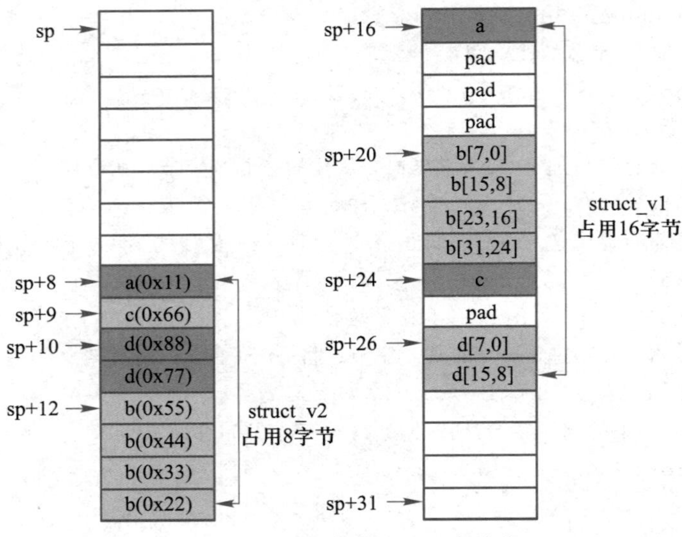

图 4.9　栈中结构体各成员的存放位置

结构体成员的顺序，高效地使用内存空间。

4.5　思考题

工厂内某产品的一组数据以结构体的形式进行存储，该结构体拥有 A、B、C 和 D 共 4 个成员。各成员的数据均为整数，范围如下。

```
A: 1 ~ 100
B: 40000 ~ 80000
C: 18 ~ 25
D: 1000000000 ~ 2000000000
```

要求：请根据本章的内容，考虑数据类型和边界对齐对程序执行效率的影响，合理地设计下列程序中的 product 结构体，使得 product 结构体的结构达到最优。

```
#include <stdio.h>
//结构体 1
struct product
{

    (请补充 product 结构体成员)

};
int main()
{
```

```
    struct product p1;
    struct product p2;
    …
    //数据处理
    …
    return 0;
}
```

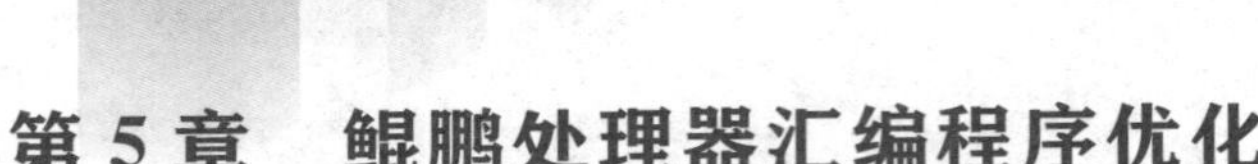

第 5 章 鲲鹏处理器汇编程序优化

5.1 实验目的

通过编写 3 种不同的内存复制优化程序，对比程序优化效果，学习掌握基于鲲鹏处理器硬件特性的汇编代码优化方案。

5.2 实验环境

本实验的软硬件环境如下：

- 硬件环境：具备网络连接的个人计算机、华为鲲鹏云服务器；
- 软件环境：openEuler 操作系统、gcc 编译器。

5.3 实验原理

本节分为 3 个部分：第一部分介绍循环展开优化的代码优化思路，通过减少循环开销的指令数目来实现代码优化；第二部分在循环展开优化的基础上，介绍如何利用鲲鹏处理器的流水线特性进行优化；第三部分介绍如何利用内存突发传输进行优化。

5.3.1 循环展开

循环展开是最常见的代码优化思路，通过减少循环开销的指令数目来实现代码优化。考虑这样一段代码：

```
int i, t = 0;
for (i = 100; i > 0; i--)
{
    t++;
}
```

对于每一次循环，都有循环的开销，例如比较指令、跳转指令等，上述 C 代码中循环语句对应的汇编代码如下。

```
sub x0, x0, #1          // 循环开销指令 1——减法指令
cmp x0, #0              // 循环开销指令 2——比较指令
bgt lp                  // 循环开销指令 3——跳转指令
```

每次循环需要的循环开销指令为 3 条，真正和用户逻辑相关的是循环体中的业务逻辑代码，而循环开销只是为了保障用户逻辑的正确性，是不得已而为之的服务代价，这个开销在整个程序中的比例越小越好。

循环重复 100 次，每次循环的开销指令为 3 条，循环体中的加法指令为 1 条，那么业务逻辑代码开销仅占 25%，其余 75% 都是服务性开销。从编译器优化的角度考虑，是可以减小服务性开销的，例如将程序改为：

```
int i, t = 0;
for (i = 50; i > 0; i--)
{
    t++;
    t++;
}
```

每次循环的开销指令仍为 3 条不变，但是业务逻辑代码增加到 2 条，也即效率提高到了 40%。如果在循环体内把加法重复 50 次，只要 2 次循环即可，每次循环的开销指令仍为 3 条，程序效率变为 94%。可见循环展开能够显著缩小服务性代码在全部代码中的比例。

适度的循环展开有利于减少循环开销，提升程序的执行速度。但是循环展开是有代价的，首先会增加程序的长度，其次循环体内代码越多，就越有可能造成 Cache 失效问题，过多的循环展开还会降低代码的可读性，不利于代码的维护。因此循环展开的程度要具体问题具体分析，在执行时间和代码量间找到一个最佳平衡点。

5.3.2 指令流水线

1. 指令流水线结构

现代计算机均采用了指令流水线技术，将一条指令的执行划分为多个阶段，多条指令同时在流水线中并行执行，只需要增加少量硬件就能将计算机的运算速度提高数倍。鲲鹏处理器也采用了指令流水线技术，其结构如图 5.1 所示。

鲲鹏处理器指令流水线主要分为六大部件：取指部件、指令译码部件、指令分发部件、整数执行部件、加载/存储部件，以及增强 SIMD 与浮点运算部件。MMU 为内存管理单元，负责处理 CPU 的内存访问请求，提供虚拟地址和物理地址的转换，确保 CPU 能够访问到物理内存的相关位置。

取指部件集成了 64KB 的 4 路组相连 L1 I-Cache，Cache line 大小为 64 B，还包含了一个 32 表项的全相联 L1 I-TLB(转换后援缓冲器，即“快表”)。取指

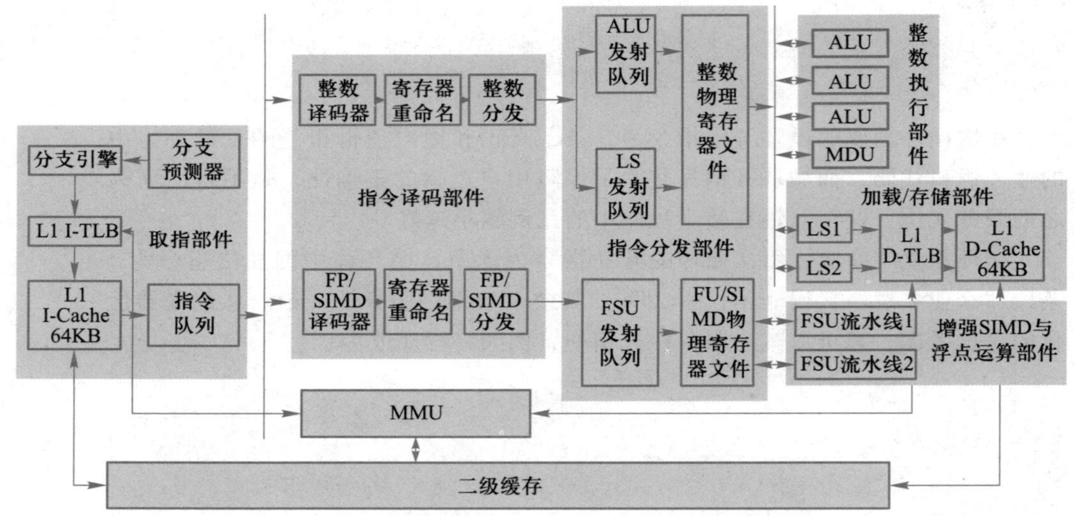

图 5.1 鲲鹏处理器指令流水线结构简化图

部件还包含了分支预测器，支持动态分支预测和静态分支预测。

指令译码部件负责鲲鹏 64 位指令集的译码，支持增强 SIMD 及浮点(FP)指令集，整数的译码与分发和 FP/SIMD 的译码与分发分开进行。指令译码部件也负责完成寄存器重命名操作，通过消除写后写和读后写冒险来支持指令的乱序执行。

指令分发部件包含了鲲鹏处理器内核的众多寄存器，包括通用寄存器文件、增强型 SIMD 及浮点寄存器文件和 64 位状态下的系统寄存器等。指令分发部件控制译码后的指令被分发至执行单元的时间，以及返回结果被弃用的时间。

整数执行部件包含 3 个算术逻辑单元(ALU)和 1 个整数乘除运算单元(MDU)，支持整数的乘加运算。整数执行部件还包含交互式整数触发硬件电路、分支与指令条件码解析逻辑以及结果转发与比较器逻辑电路等。

加载/存储部件负责执行加载和存储指令，包含了 L1 D-Cache 的相关部件，同时为来自 L2 Cache 的存储器一致性请求提供服务。

增强 SIMD 与浮点运算部件包含了两条 FSU 流水线，用于支持鲲鹏架构的增强 SIMD 与浮点运算类指令的执行。

2. 流水线各段功能

鲲鹏处理器指令流水线的分段如图 5.2 所示。整数流水线运行需要 17 个时钟周期，浮点与 SIMD 流水线运行需要 21 个时钟周期。

以下列两条指令为例，对鲲鹏处理器指令流水线的过程进行解析。

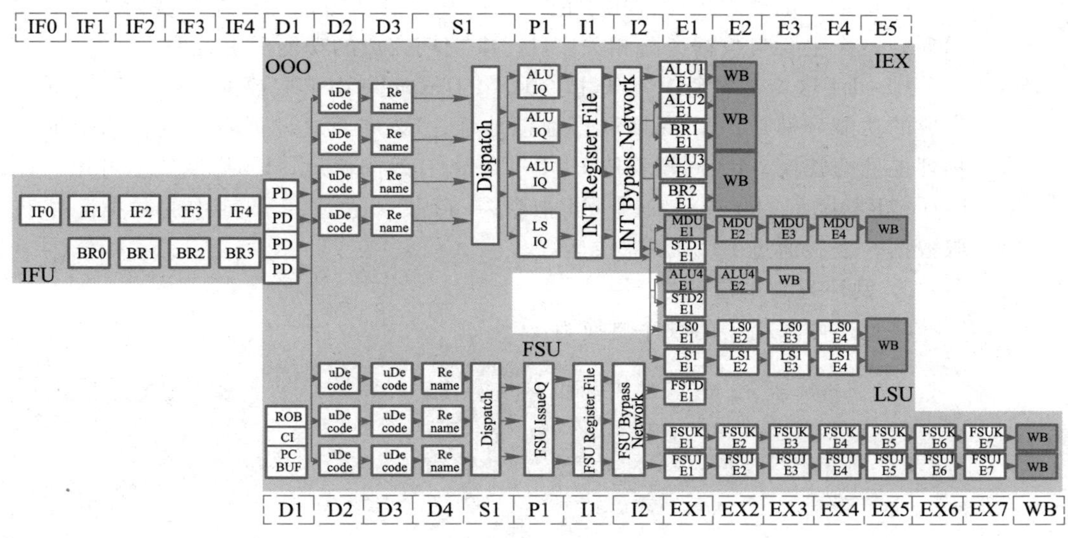

图 5.2 鲲鹏处理器指令流水线分段

```
// 将存储器地址为 x0 的一个字读入寄存器 x1
ldr 指令: ldr x1, [x0]
// 将寄存器 x1 与 x3 的值相加, 和送入 x2
add 指令: add x2, x3, x1
```

IF0 周期进行取指前的准备工作，其中包含了查 Cache 表。IF1～IF4 从 L1 I-Cache 中取指令，最多可同时取出 4 条指令，BR0～BR3 为分支预测部件，与这两条指令无关。

D1 周期中的 PD 为指令预译码，在该机器周期中区分出当前指令是定点数指令还是浮点数指令，以便后续将指令送入整数流水线或浮点数流水线。D2 周期进行指令译码，D3 周期进行寄存器重命名，将逻辑寄存器映射到物理寄存器。D1～D3 这 3 个周期完成后，上述两条指令的逻辑寄存器变化如下。

```
x1→p1          // 逻辑寄存器 x1 映射为物理寄存器 p1
x2→p2          // 逻辑寄存器 x2 映射为物理寄存器 p2
// 映射后的 ldr 指令
ldr p1, [⋯]
// 映射后的 add 指令
add p2, ⋯, p1
```

S1 周期中，Dispatch 部件完成指令分发操作，区分定点数运算类指令和 load/store 指令，ldr 指令将被分配到 LS 发射队列，add 指令将被分配到多个 ALU 发射队列中的一个。

P1 周期中，指令从发射队列中发射。ldr 指令的 x0 寄存器中的数据已经得到，ldr 指令被发射到 LS0 中。add 指令还需等待 ldr 指令取值结束(并非指令结束)。

I1 周期中的寄存器文件用于记录逻辑寄存器到物理寄存器的映射关系，I2 周期的操作主要与数据旁路相关。I1、I2 周期完成的功能后续说明。

E1～E4 这 4 个周期中，ldr 指令从 L1 D-Cache 中获取数据。E1～E4 各周期完成的功能分别是：E1 周期取得虚拟地址，E2 周期通过页表完成虚拟地址到物理地址的转换，E3 周期获取 L1 D-Cache 有效的信息，E4 周期数据可用。在 E4 周期结束后，ldr 指令唤醒 add 指令，add 指令通过 I2 周期中的数据旁路获取数据，之后通过 E1 周期完成运算。

3. 乱序发射的冒险性

将上述两条指令的顺序更换为：

```
// 将寄存器 x1 与 x3 的值相加，和送入 x2
add 指令：add x2, x3, x1
// 将存储器地址为 x0 的字数据读入寄存器 x1
ldr 指令：ldr x1, [x0]
```

第一条加法指令需要读取 x1 寄存器的数据，第二条加载指令需要对 x1 寄存器执行写操作。两条指令正常执行不会出现任何问题，但鲲鹏处理器的指令流水线是乱序发射的，如果 ldr 指令率先执行，add 指令执行时，从 x1 寄存器取到的数据就是无效的。

消除乱序发射带来的冒险性的关键是 D3 周期的 Rename 操作和 I1 周期的寄存器文件。在乱序发射的情况下，通过 Rename 操作，逻辑寄存器到物理寄存器的映射情况如下。

```
(add)x1→p1          // add 指令的逻辑寄存器 x1 映射为物理寄存器 p1
(ldr)x1→p2          // ldr 指令的逻辑寄存器 x1 映射为物理寄存器 p2
(add)x2→p3          // 逻辑寄存器 x2 映射为物理寄存器 p3
add p3, …, p1
ldr p2, […]
```

鲲鹏处理器的物理寄存器数目远多于逻辑寄存器，add 指令与 ldr 指令所使用的 x1 寄存器分别被映射为物理寄存器 p1 和 p2，同时 I1 周期的寄存器文件中记录了寄存器的映射关系，这样就保证了乱序发射不会导致冲突。

4. 指令的相关性

指令流水线的相关包括 3 类：结构相关、数据相关和控制相关。结构相关是指在指令执行过程中，由于硬件资源满足不了指令执行的要求而产生的资源冲突。数据相关是指在流水执行的几条指令中，后续指令的执行依赖于前驱指令的执行结果，由此而导致的冲突。控制相关是指由于分支指令引起了程序跳转，导致需要作废先前已经进入流水线的若干指令，从而造成流水线的断流。

数据相关分为 3 类：RAW（写后读）、WAR（读后写）和 WAW（写后写）。RAW 又称真相关，WAR 又称反相关，WAW 又称输出相关。

假设当前处理器要执行两条指令，第一条称作 A 指令，第二条称作 B 指令。RAW 是指在 A 指令将数据写入寄存器之后，B 指令从这个寄存器中读取数据。由于指令处在流水执行过程中，造成 B 指令有可能在 A 指令写寄存器之前先读取该寄存器，因此 B 指令将读到一个旧的数据，从而造成逻辑错误。WAR 是指 A 指令将数据从寄存器读出之后，B 指令通过写操作更新该寄存器的值。但是在流水执行中，有可能造成 B 指令实际运行较快，A 指令从寄存器读取数据之前，B 指令已经完成了写操作，因此 A 指令将错误地读到一个新的数据，从而造成逻辑错误。WAW 是指 A 指令向寄存器中写入数据之后，B 指令再次向该寄存器写入数据。但是在流水执行中，有可能 B 指令先完成，因此实际情况是 A 指令决定了该寄存器的最终结果，从而造成逻辑错误。

读后写相关和写后写相关可以通过寄存器重命名的方式来消除，代价是使用更多的物理寄存器。写后读相关是真相关，不可以消除，但可以通过数据旁路来进行优化。写后读相关和读后写相关的优化方法在前面的例子中已给出。

5.3.3 内存突发传输

一条 ldr/str 指令只对一个存储单元进行寻址，如果需要实现连续读/写操作，就需要连续对当前存储单元的下一个存储单元进行寻址。在行地址保持不变的情况下，CPU 需要不断地发送列地址和读/写命令，这就导致了大量的内存控制单元被占用，降低了 CPU 的效率。

为了解决这一问题，体系结构的设计者提出了内存突发传输技术。突发传输技术是指在同一行中相邻的存储单元连续进行数据传输的方式，访问的存储单元的数量就是突发长度。只需指定起始列地址与突发长度，内存就会自动对起始地址后面相应数量的存储单元进行读/写操作，而不需要 CPU 连续提供列地址。

5.4 实验任务

本实验针对内存数据复制进行优化，采用递进的优化思路，在 C 代码中调用汇编代码，在汇编代码中设计不同的优化方案，在 C 代码中计算函数执行时间，对比每种方案的执行时间判断优化效果。

本实验的任务共有 4 个：

（1）编写内存数据复制的基础程序，计算未经优化的汇编代码执行时间；

（2）编写循环展开优化程序，计算循环展开优化后的汇编代码执行时间；

（3）编写流水线优化程序，计算流水线优化后的汇编代码执行时间；

（4）编写内存突发传输优化程序，计算内存突发传输优化后的汇编代码执行时间。

实验程序分为两部分：第一部分是主函数，采用 C 语言编写，用于测试内存复制函数的执行时间；第二部分是内存复制函数，采用鲲鹏汇编语言编写。

汇编代码优化实验的程序流程如图 5.3 所示。首先定义内存复制的源地址与目标地址，为源地址填充数据。在汇编函数调用之前记录开始时间，然后调用汇编函数完成内存复制，结束之后记录结束时间，最后计算并打印内存复制函数的耗时。

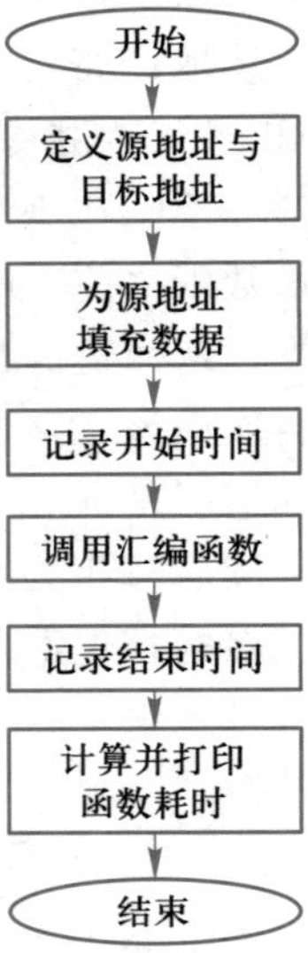

开始
定义源地址与目标地址
为源地址填充数据
记录开始时间
调用汇编函数
记录结束时间
计算并打印函数耗时
结束

图 5.3　汇编代码优化实验程序流程

为了较为准确地测量内存复制函数的执行时间，实验程序通过调用 clock_gettime() 函数来记录内存复制函数执行前和执行后的系统时间，以纳秒为计时单位。内存复制函数的功能是实现将长度为 LEN 的 src 字符数组的内容复制到同样长度的 dst 字符数组中。内存复制函数通过鲲鹏 64 位汇编代码实现。

在本实验中，C 语言向汇编函数传递的参数有 3 个：

- 参数一为目标字符数组的首地址，通过寄存器 x0 来传递；
- 参数二为源字符数组的首地址，通过寄存器 x1 来传递；
- 参数三为需要复制的字节数，通过寄存器 x2 来传递。

在使用 ldrb/ldp 和 str/stp 等访存指令时，要注意区分以下 3 种形式。

(1) 前索引方式，形如 ldrb w2, [x1, #1]

指令功能：将 x1+1 指向的地址处的一个字节放入 w2，同时将 w2 的高 24 位清零，x1 寄存器的值保持不变。

(2) 自动索引方式，形如 ldrb w2, [x1, #1]!

指令功能：将 x1+1 指向的地址处的一个字节放入 w2，同时将 w2 的高 24 位清零，然后 x1 + 1→x1。

(3) 后索引方式，形如 ldrb w2, [x1], #1

指令功能：将 x1 指向的地址处的一个字节放入 w2，同时将 w2 的高 24 位清零，然后 x1 + 1→x1。

5.4.1　基础代码设计

本小节计算未经优化的汇编代码执行时间，操作步骤如下。

(1) 登录华为鲲鹏云服务器，进入控制台。

(2) 在命令行中输入命令 cd /home，进入到“home”目录下。

(3) 在命令行中输入命令 mkdir memory、cd memory，创建并进入“memory”文件夹。

(4) 在命令行中输入命令 vim time.c，创建并编写 C 语言计时程序，内容如下。

```
#include <stdio.h>
#include <stdlib.h>
```

```
#include <time.h>
#define LEN 60000000                    // 定义内存复制长度为 60000000
char src[LEN], dst[LEN];                // 定义源地址与目标地址
long int len = LEN;
// 声明外部函数
extern void memorycopy(char * dst, char * src, long int len1);
int main()
{
    struct timespec t1, t2;             // 定义起始与结束时间
    int i, j;
    //为初始地址段赋值，以便后续从该地址段读取数据进行复制
    for (i = 0; i < LEN - 1; i++)
    {
        src[i] = 'a';
    }
    src[i] = 0;
    clock_gettime(CLOCK_MONOTONIC, &t1);      // 记录开始时间
    memorycopy(dst, src, len);                // 调用汇编函数
    clock_gettime(CLOCK_MONOTONIC, &t2);      // 记录结束时间
    // 得出目标代码段的执行时间。
    printf("Memory copy time is %llu ns\n",
                                   t2.tv_nsec - t1.tv_nsec);
    return 0;
}
```

编写完成后保存并退出。

(5) 在命令行中输入命令 vim copy.s，编写优化前的基础汇编代码，内容如下。

```
.global memorycopy                      // 声明汇编程序为全局函数
memorycopy:
    ldrb w3, [x1], #1                   // 从源字符串地址中读取数据
    str w3, [x0], #1                    // 向目标字符串地址中写入数据
    subs x2, x2, #1                     // 计数器减 1，自动修改标志位
    bne memorycopy
ret
```

编写完成后保存并退出。

(6) 在命令行中输入命令 gcc time.c copy.s -o copy，编译基础程序。

(7) 在命令行中输入命令 ./copy，运行基础程序，如图 5.4 所示。

从图 5.4 中可以看到优化前的内存复制函数的执行时间为 40 805 116 ns。接下来基于基础汇编代码进行修改，通过 3 种方案对代码进行优化，观察函数执行时间并对优化效果进行比较。

```
[root@kunpeng memory]# gcc time.c copy.s -o copy
[root@kunpeng memory]# ./copy
Memory copy time is    40805116 ns
[root@kunpeng memory]#
```

图 5.4　基础汇编代码执行时间

5.4.2　循环展开优化

本小节对原始汇编代码二倍循环展开，即每轮循环内执行两条读指令与两条写指令。计算循环展开优化后的汇编代码执行时间，操作步骤如下。

(1) 登录华为鲲鹏云服务器并进入到“home”目录下。

(2) 在命令行中输入命令 cd memory，进入“memory”文件夹。

(3) 在命令行中输入命令 vim copy_double.s，编写二倍循环展开优化代码，内容如下。

```
.global memorycopy
memorycopy:
    sub x1, x1, #1
    sub x0, x0, #1
lp:
    // 一次循环读取两个字节
    ldrb w3, [x1, #1]!
    ldrb w4, [x1, #1]!
    // 一次循环写入两个字节
    str w3, [x0, #1]!
    str w4, [x0, #1]!
    subs x2, x2, #2              // 循环开销指令 1
    bne lp                       // 循环开销指令 2
ret
```

编写完成后保存并退出。

在 5.4.1 小节的程序中，源字符数组的地址与目标字符数组的地址一读一写交替进行，导致内存访问不连续，因此本小节采用连续读和连续写的方案来提高内存访问的连续性。

(4) 在命令行中输入命令 gcc time.c copy_double.s -o copy_double，编译二倍循环展开优化程序。

(5) 在命令行中输入命令 ./copy_double，运行二倍循环展开优化程序，如图 5.5 所示。

```
[root@kunpeng memory]# gcc time.c copy_double.s -o copy_double
[root@kunpeng memory]# ./copy_double
Memory copy time is    34127045 ns
[root@kunpeng memory]#
```

图 5.5　二倍循环展开优化函数执行时间

在进行了二倍循环展开后，内存复制函数的执行时间由原始的 40 805 116 ns 缩短为 34 127 045 ns，优化效果显著。

5.4.3 流水线优化

鲲鹏处理器有两条 load/store 流水线，其访存单元支持每拍 2 条读或写访存操作。在 5.4.2 小节中的循环中，指令之间的数据相关性比较强，第二条 ldrb 指令中的 x1 要依赖于第一条指令的 x1，即必须等待第一条 ldrb 指令执行完写回操作之后才能继续执行第二条指令。因此，可以通过在一个循环中减少指令之间的数据相关性来改善这个缺陷，从而优化代码。

本小节在二倍循环展开的基础上，更改汇编指令的自动索引方式，消除指令之间的数据相关性，利用鲲鹏处理器的流水线特性对程序进行优化，计算流水线优化后的汇编代码执行时间，操作步骤如下。

（1）登录华为鲲鹏云服务器并进入到“home”目录下。

（2）在命令行中输入命令 cd memory，进入“memory”文件夹。

（3）在命令行中输入命令 vim copy_pipeline.s，编写流水线二倍循环展开优化代码，内容如下。

```
.global memorycopy
memorycopy:
    sub x1, x1, #1
    sub x0, x0, #1
lp:
    // 一次循环读取两个字节
    ldrb w3, [x1, #1]
    ldrb w4, [x1, #2]!
    // 一次循环写入两个字节
    str w3, [x0, #1]
    str w4, [x0, #2]!
    subs x2, x2, #2          // 循环开销指令 1
    bne lp                   // 循环开销指令 2
ret
```

编写完成后保存并退出。

为了使流水线顺畅执行，要尽量避免同一类型的访存指令之间的依赖关系，这样才能在循环展开后充分利用两条 load/store 流水线来并行执行这些访存指令，从而有效提高性能。

对比 5.4.2 小节中的访存方式：

```
ldrb w3, [x1, #1]!            ldrb w3, [x1, #1]
ldrb w4, [x1, #1]!            ldrb w4, [x1, #2]!
```

两种方式的 ldrb 指令用到的寄存器都是 x1，但是左侧的第二条 ldrb 指令中的 x1 要依赖于第一条指令的 x1，即必须等待第一条 ldrb 指令执行完写回操作之后才能继续执行第二条指令，因此流水线优化效果较差。右边的两条指令中，x1 的值是保持不变的，指令间不存在依赖关系，因此能够利用鲲鹏处理器的流水线特性进行优化。

（4）在命令行中输入命令 gcc time. c copy_pipeline. s -o copy_pipeline，编译流水线二倍循环展开优化程序。

（5）在命令行中输入命令 ./copy_pipeline，运行流水线二倍循环展开优化程序，如图 5. 6 所示。

```
[root@kunpeng memory]# gcc time.c copy_pipeline.s -o copy_pipeline
[root@kunpeng memory]# ./copy_pipeline
Memory copy time is    33658559 ns
[root@kunpeng memory]#
```

图 5. 6　流水线二倍循环展开优化函数执行时间

从图 5. 6 中可以看出，函数执行时间为 33 658 559 ns，对比 5. 4. 2 小节中的执行时间 34 127 045 ns，利用访存流水线的特性进行优化，程序执行时间更少，性能优化效果更佳。

5. 4. 4　内存突发传输优化

在前两种优化方案中，每次内存读写都是以一个字节为单位进行的，这样效率很低。在连续读/写多个内存数据时，其性能要优于非连续读/写数据的方式，因此该方案的优化思路是一次对多个字节进行读写。这就需要用到 ldp 指令和 stp 指令，这两条指令可以一次访问 16 个字节的内存数据，采用内存突发传输方式可以大大提高内存的读写效率。

本小节修改内存读写指令，使用 ldb 指令和 stp 指令，每条指令能够读/写 16 字节数据，计算内存突发传输优化后的汇编代码执行时间，操作步骤如下。

（1）登录华为鲲鹏云服务器并进入到“home”目录下。

（2）在命令行中输入命令 cd memory，进入“memory”文件夹。

（3）在命令行中输入命令 vim copy_burst. s，编写内存突发传输优化代码，内容如下。

```
.global memorycopy
memorycopy:
    // ldp 指令加载 x1 地址后 16 个字节的内存数据存入 x3 和 x4
    ldp x3, x4, [x1], #16
    stp x3, x4, [x0], #16
    subs x2, x2, #16
    bne memorycopy
ret
```

(4) 在命令行中输入命令 gcc time.c copy_burst.s -o copy_burst，编译内存突发传输优化程序。

(5) 在命令行中输入命令 ./copy_burst，运行内存突发传输优化程序，如图 5.7 所示。

```
[root@kunpeng memory]# gcc time.c copy_burst.s -o copy_burst
[root@kunpeng memory]# ./copy_burst
Memory copy time is    12493023 ns
[root@kunpeng memory]#
```

图 5.7 内存突发传输优化函数执行时间

从图 5.7 中可以看出，函数执行时间为 12 493 023 ns。对比前述各示例，采用鲲鹏处理器的内存突发传输模式，程序执行的效率明显优于单字节读写。

5.5 思考题

对比未经优化的代码以及二倍循环展开的代码，可以发现二倍循环展开相比于未经优化的代码的总循环次数减少了一半，循环开销指令数量也减少了一半，带来了较为明显的优化效果。如果说二倍循环展开相比于未经优化的代码可以带来约 600 万纳秒的性能优化，那么四倍循环展开相比于二倍循环展开，循环开销指令数目再次减少一半，是否可以带来 300 万纳秒左右的优化呢？请编写四倍循环展开优化汇编代码进行验证。

要求：参考实验手册中 5.4.2 节中的二倍循环展开优化汇编代码，编写四倍循环展开优化汇编代码观察优化效果，解释造成效果差异的原因。四倍循环展开用到的寄存器为：x0，x1，w3，w4，w5，w6。

第 6 章　鲲鹏处理器增强型 SIMD 运算

6.1　实验目的

通过编写两种矩阵点乘运算程序，对比观察 SIMD 对矩阵点乘运算的优化效果，学习鲲鹏处理器增强型 SIMD 的使用。

6.2　实验环境

本实验的软硬件环境如下：

- 硬件环境：具备网络连接的个人计算机、华为鲲鹏云服务器；
- 软件环境：openEuler 操作系统、gcc 编译器。

6.3　实验原理

本节分为两部分：第一部分介绍单指令多数据计算的主要特点和用途；第二部分从鲲鹏处理器的专用 NEON 寄存器入手，介绍如何使用鲲鹏处理器进行 SIMD 运算。

6.3.1　SIMD 概述

SIMD(single instruction multiple data)即单指令多数据。在支持 SIMD 操作的 CPU 中，指令译码后，几个执行部件同时访问内存，一次性获得多个操作数进行运算。这种并行运算的特性使得 SIMD 在数据密集型计算领域有着显著优势。

费林分类法(Flynn's taxonomy)按指令流和数据流的多倍性将计算机分为 4 种类型：SISD(单指令单数据)、SIMD(单指令多数据)、MISD(多指令单数据)和 MIMD(多指令多数据)。

早期的计算机都是 SISD 机器，如冯·诺依曼结构的单处理器计算机。这类机器的硬件不支持任何形式的并行计算，所有的指令都是串行执行，一条指令处理一个数据。

SIMD 使用一条指令来处理多个数据。很多程序的数据都是以少于 32 位的位数来存储的，如视频、图形和图像处理中的 8 位像素数据以及音频编码中的 16 位采样数据等。在此类程序中，处理数据的指令数量远远小于数据的数量，运算多为简单且重复的，因此 SIMD 能够极大地提高此类程序的性能。

MISD 使用多条指令来处理单个数据，MISD 只作为理论模型出现，并没有投入到实际应用之中。MIMD 是并行处理系统中最常见的结构，不同的处理器在不同的数据片段上执行不同的指令，即多条指令处理多个数据。

除了以上 4 种类型外，由 NVIDIA 公司生产的 GPU 引入了 SIMT(single instruction multiple threads)结构。SIMT 结构下，每个 CPU 核心都有独立的处理单元，这些处理单元执行的指令相同，但处理的数据不同。

6.3.2 SIMD 运算

鲲鹏处理器实现了 32 个 128 位向量寄存器，即 NEON 寄存器。这些寄存器用于支持浮点运算和 SIMD 运算，记作 v0~v31。如果仅使用 v0~v31 这些寄存器的低 64 位、低 32 位、低 16 位和低 8 位，那么也可以记作 d0~d31(低 64 位)、s0~s31(低 32 位)、h0~h31(低 16 位)和 b0~b31(低 8 位)。

若需要使用某个寄存器的部分位，则要在使用汇编指令操作具体寄存器时在 v0~v31 之后添加后缀，后缀的格式如表 6.1 所示。

表 6.1 NEON 寄存器位宽控制标识表

标识	位宽	类型	示例
b	8 位	char	v1.1b：v1 寄存器的前 8 位 v1.16b：v1 寄存器的末 8 位
h	16 位	short	v1.1h：v1 寄存器的前 16 位 v1.8h：v1 寄存器的末 16 位
s	32 位	int	v1.1s：v1 寄存器的前 32 位 v1.4s：v1 寄存器的末 32 位
d	64 位	long	v1.1d：v1 寄存器的前 64 位 v1.2d：v1 寄存器的末 64 位

6.4 实验任务

本节通过计算矩阵点乘函数的执行时间，对比基础运算与增强型 SIMD 运算的执行时间，观察增强型 SIMD 运算的优化效果。本节中的矩阵均为 4×4 矩阵，需要注意的是，为了放大实验效果并减小误差，本节计算 1 000 次矩阵点乘的时间总和。

本实验的任务共有两个：

(1) 编写矩阵点乘基础运算程序，统计代码的执行时间；

（2）编写矩阵点乘增强型 SIMD 运算程序，统计代码的执行时间。

6.4.1 基础运算

本小节编写矩阵点乘的基础运算程序，计算基础运算代码的执行时间，操作步骤如下。

（1）登录华为鲲鹏云服务器，进入控制台。

（2）在命令行中输入命令 cd /home，进入到“home”目录下。

（3）在命令行中依次输入命令 mkdir simd、cd simd，创建并进入“simd”文件夹。

（4）在命令行中输入命令 vim nosimd.c，创建并编写 nosimd.c 文件。编写基础代码，即不使用 SIMD 进行矩阵乘法运算，内容如下。

```
#include <stdio.h>
#include <stdlib.h>
#include <time.h>
#include <arm_neon.h>
// 矩阵相乘函数
static void matrix_mul_asm(uint16_t ** matrix_A,
                        uint16_t ** matrix_B, uint16_t ** matrix_C)
{
    uint16_t *a = (uint16_t *)matrix_A;
    uint16_t *b = (uint16_t *)matrix_B;
    uint16_t *c = (uint16_t *)matrix_C;
    // 内嵌汇编代码
    __asm__ __volatile__ (
        // 将 matrix_A 矩阵的第 1 行第 1 列分别加载到 w0 中
        "ldrh w0, [%0]\n"
        // 将 matrix_B 矩阵的第 1 行第 1 列分别加载到 w1 中
        "ldrh w1, [%1]\n"
        "mul w0, w0, w1\n"
        // 将计算结果储存到矩阵 matrix_C 中
        "strh w0, [%2]\n"
        // 循环 15 次
        "mov x2, #16\n"
        "lp:\n"
        "sub x2, x2, #1\n"
        "ldrh w0, [%0, #2]! \n"
        "ldrh w1, [%1, #2]! \n"
        "mul w0, w0, w1\n"
        "strh w0, [%2, #2]! \n"
```

```
        "cmp x2, #1\n"
        "bne lp\n"
        // +r 表示存放在寄存器中，可读可写
        :"+r"(a), "+r"(b), "+r"(c)
        :
        :"cc", "memory", "x0", "x1", "x2"
        );
}
int main()
{
    struct timespec t1, t2;
    // 初始化矩阵 matrix_A
    uint16_t matrix_A[4][4] =
    {
        {1, 2, 3, 4},
        {5, 6, 7, 8},
        {1, 2, 3, 4},
        {5, 6, 7, 8}
    };
    // 初始化矩阵 matrix_B
    uint16_t matrix_B[4][4] =
    {
        {1, 5, 8, 4},
        {2, 6, 7, 3},
        {3, 7, 6, 2},
        {4, 8, 5, 1}
    };
    // 初始化矩阵 matrix_C
    uint16_t matrix_C[4][4] = {0};
    int i, j;
    clock_gettime(CLOCK_MONOTONIC, &t1);
    // 循环计算 1000 次
    for (i = 0; i < 1000; i++)
    {
            // 函数调用，实现矩阵相乘
        matrix_mul_asm((uint16_t **)matrix_A,
                  (uint16_t **)matrix_B, (uint16_t **)matrix_C);
    }
    clock_gettime(CLOCK_MONOTONIC, &t2);
```

```
    printf("Time use is %11u ns\n", t2.tv_nsec-t1.tv_nsec);
    for (i = 0; i < 4; i++)
    {
        for (j = 0; j < 4; j++)
        {
            // 输出矩阵 matrix_C
            printf("%11u", matrix_C[i][j]);
        }
        printf("\n");
    }
    return 0;
}
```

编写完成后保存并退出。

（5）在命令行中输入命令 gcc nosimd. c -o nosimd，编译基础运算程序。

（6）在命令行中输入命令 ./nosimd，运行基础运算程序，如图 6. 1 所示。

```
[root@kunpeng simd]# gcc nosimd.c -o nosimd
[root@kunpeng simd]# ./nosimd
Time use is       20991 ns
          1          10          24          16
         10          36          49          24
          3          14          18           8
         20          48          35           8
[root@kunpeng simd]#
```

图 6. 1　基础运算程序运行结果

从图 6. 1 中可以看出，1 000 次基础运算函数的执行时间为 20 991 ns。

6. 4. 2　增强型 SIMD 运算

本小节编写矩阵点乘增强型 SIMD 运算程序，计算增强型 SIMD 运算代码的执行时间。矩阵存储的数据类型为 short，位宽 16 位，矩阵每行需要 64 位，因此需要使用寄存器的低 64 位，表示为 vn. 4h。示例程序中用到的 3 类 SIMD 指令分别为 ld4、st4 和 mul 指令，指令说明如下。

- ld4：加载向量元素，同时操作 4 个向量寄存器。
- st4：存储向量元素，同时操作 4 个向量寄存器。
- mul：将两个向量中的相应元素相乘，并将结果存放到目标向量中。

本小节操作步骤如下。

（1）登录华为鲲鹏云服务器并进入到“home”目录下。

（2）在命令行中输入命令 cd simd，进入“simd”文件夹。

（3）命令行中输入命令 vim simd. c，创建并编写 simd. c 文件，使用 SIMD 进行矩阵点乘运算，内容如下。

```
#include <stdio.h>
#include <stdlib.h>
#include <time.h>
#include <arm_neon.h>
// 矩阵相乘函数
static void matrix_mul_asm(uint16_t ** matrix_A,
                          uint16_t ** matrix_B, uint16_t ** matrix_C)
{
    uint16_t *a = (uint16_t *)matrix_A;
    uint16_t *b = (uint16_t *)matrix_B;
    uint16_t *c = (uint16_t *)matrix_C;
    // 内嵌汇编代码
    __asm__ __volatile__ (
          // 将 matrix_A 矩阵的 4 行分别
          // 加载到 v0~v3 寄存器的低 64 位中
          "ld4 {v0.4h-v3.4h}, [%0]\n"
          // 将 matrix_B 矩阵的 4 行分别
          // 加载到 v4~v7 寄存器的低 64 位中
          "ld4 {v4.4h, v5.4h, v6.4h, v7.4h}, [%1]\n"
          // 每行依次进行乘法计算
          // 最后的矩阵相乘结果存放在 v0~v3 的低 64 位中
          "mul v3.4h, v3.4h, v7.4h\n"
          "mul v2.4h, v2.4h, v6.4h\n"
          "mul v1.4h, v1.4h, v5.4h\n"
          "mul v0.4h, v0.4h, v4.4h\n"
          // 将计算结果存储到矩阵 matrix_C 中
          "st4 {v0.4h, v1.4h, v2.4h, v3.4h}, [%2]\n"
          // +r 表示存放在寄存器中，可读可写
          :"+r"(a), "+r"(b), "+r"(c)
          :
          :"cc", "memory", "v0", "v1", "v2", "v3", "v4", "v5",
                                                          "v6","v7"
          );
}
int main()
{
    struct timespec t1, t2;
    // 初始化矩阵 matrix_A
    uint16_t matrix_A[4][4] =
    {
```

```
        {1, 2, 3, 4},
        {5, 6, 7, 8},
        {1, 2, 3, 4},
        {5, 6, 7, 8}
    };
    // 初始化矩阵 matrix_B
    uint16_t matrix_B[4][4] =
    {
        {1, 5, 8, 4},
        {2, 6, 7, 3},
        {3, 7, 6, 2},
        {4, 8, 5, 1}
    };
    // 初始化矩阵 matrix_C
    uint16_t matrix_C[4][4] = {0};
    int i, j;
    clock_gettime(CLOCK_MONOTONIC, &t1);
    // 循环计算 1000 次
    for (i = 0; i < 1000; i++)
    {
        // 函数调用，实现矩阵相乘
        matrix_mul_asm((uint16_t **)matrix_A,
                (uint16_t **)matrix_B, (uint16_t **)matrix_C);
    }
    clock_gettime(CLOCK_MONOTONIC, &t2);
    printf("Time use is %11u ns\n", t2.tv_nsec - t1.tv_nsec);
    for (i = 0; i < 4; i++)
    {
        for (j = 0; j < 4; j++)
        {
            // 输出矩阵 matrix_C
            printf("%11u", matrix_C[i][j]);
        }
        printf("\n");
    }
    return 0;
}
```

编写完成后保存并退出。

(4) 在命令行中输入命令 gcc simd.c -o simd，编译增强型 SIMD 程序。

(5) 在命令行中输入命令 ./simd，运行增强型 SIMD 程序，如图 6.2 所示。

```
[root@kunpeng simd]# gcc simd.c -o simd
[root@kunpeng simd]# ./simd
Time use is        11690 ns
         1             10             24             16
        10             36             49             24
         3             14             18              8
        20             48             35              8
[root@kunpeng simd]#
```

图 6.2　增强型 SIMD 程序运行结果

从图 6.2 中可以看出，1 000 次增强型 SIMD 运算函数的执行时间为 11 690 ns，由前文可知，不采用 SIMD 的运算时间为 20 991 ns，可见增强型 SIMD 运算的优化效果非常显著。

6.5 思考题

下列代码的功能是使用 SIMD 运算实现两个 4×8 矩阵的点乘并输出点乘结果矩阵，其中 main() 函数已给出，矩阵相乘函数中，内嵌汇编代码部分有 4 行内容缺失。

代码如下。

```
#include <stdio.h>
#include <stdlib.h>
#include <arm_neon.h>
// 矩阵相乘函数
static void matrix_mul_asm(uint8_t ** matrix_A,
                  uint8_t ** matrix_B, uint8_t ** matrix_C)
{
    uint8_t *a = (uint8_t *)matrix_A;
    uint8_t *b = (uint8_t *)matrix_B;
    uint8_t *c = (uint8_t *)matrix_C;
    // 内嵌汇编代码
    __asm__ __volatile__ (
        // 将 matrix_A 矩阵的 4 行分别加载
        // 到 v0~v3 寄存器的低 64 位中
        "ld4 {v0.8b-v3.8b}, [%0]\n"
        // 将 matrix_B 矩阵的 4 行分别加载
        // 到 v4~v7 寄存器的低 64 位中
        "ld4 {v4.8b-v7.8b}, [%1]\n"
        // 每行依次进行乘法计算
        // 最后的矩阵相乘结果存放在 v0~v3 的低 64 位中
        "                    "
```

```
        "                    "
        "                    "
        "                    "
        // 将计算结果存储到矩阵 matrix_C 中
        "st4 {v0.8b-v3.8b}, [%2]\n"
        // +r 表示存放在寄存器中，可读可写
        :"+r"(a), "+r"(b), "+r"(c)
        :
        :"cc", "memory", "v0", "v1", "v2", "v3", "v4", "v5",
                                                      "v6","v7"
    );
}
int main()
{
    // 初始化矩阵 matrix_A
    uint8_t matrix_A[4][8] =
    {
        {1, 2, 3, 4, 4, 3, 2, 1},
        {8, 7, 6, 5, 5, 6, 7, 8},
        {4, 3, 2, 1, 1, 2, 3, 4},
        {5, 6, 7, 8, 8, 7, 6, 5}
    };
    // 初始化矩阵 matrix_B
    uint8_t matrix_B[4][8] =
    {
        {3, 2, 3, 4, 4, 2, 3, 4},
        {1, 2, 3, 4, 2, 2, 3, 4},
        {7, 7, 4, 9, 8, 8, 6, 4},
        {4, 3, 2, 1, 1, 2, 3, 4}
    };
    // 初始化矩阵 matrix_C
    uint8_t matrix_C[4][8] = {0};
    int i, j;
    // 函数调用，实现矩阵相乘
    matrix_mul_asm((uint8_t **)matrix_A,
                   (uint8_t **)matrix_B,(uint8_t **)matrix_C);
    for (i = 0; i < 4; i++)
    {
        for (j = 0; j < 8; j++)
        {
```

```
            // 输出矩阵 matrix_C
            printf("%11u", matrix_C[i][j]);
        }
        printf("\n");
    }
    return 0;
}
```

要求：请将内嵌汇编代码中双引号内空白的 4 行代码补充完整，并输出结果矩阵(注：矩阵元素为 8 位无符号整数)。

第 7 章　鲲鹏处理器异常处理

7.1　实验目的

通过编写示例程序，学习中断指令 SVC 的原理与使用，了解核心转储(core dump)的概念与用途，学会使用 gdb 调试工具调试核心转储生成的 core 文件。

7.2　实验环境

本实验的软硬件环境如下：

- 硬件环境：具备网络连接的个人计算机、华为鲲鹏云服务器；
- 软件环境：openEuler 操作系统、gcc 编译器、gdb 调试工具。

7.3　实验原理

本节分为 3 个部分：第一部分介绍鲲鹏处理器异常的产生与处理过程；第二部分介绍软中断指令 SVC 的原理与使用；第三部分介绍核心转储的概念与用途。

7.3.1　异常机制

异常是指处理器核在正常执行程序指令流的过程中突然遇到意外事件，这些事件包括硬件错误、指令执行错误、内存访问错误、取指令错误等，几乎每种处理器都支持特定的异常处理，广义来说，中断也是异常的一种。

导致异常产生的事件称为异常源，鲲鹏处理器的异常源如表 7.1 所示。其中 IRQ 与 FIQ 的区别在于，FIQ 具有更高优先级和更小的中断延迟，通常用于处理高速数据传输及通道中的数据恢复功能，例如 DMA 等；而 IRQ 的优先级低于 FIQ，常用于计算机外部设备，例如 IIC、SPI、UART 等。FIQ 较 IRQ 快的原因包括：

表 7.1 鲲鹏处理器异常源

异常地址	异常源	描述	优先级
0x00	Reset	复位异常：在内核复位时执行	1
0x04	Undefined instructions	未定义指令异常：流水线执行非法指令时产生，该异常发生在流水线译码阶段，如果当前指令不能被识别为有效指令，将会产生此异常	6
0x08	SVC，SWI	软中断异常：用于程序触发软件中断执行，该异常在应用程序自身调用时产生，当应用程序在访问硬件资源时需要调用该指令，该异常在管理模式（SVC）下运行	6
0x0C	Prefetch abort	预取指令中止异常：如果处理器预取的指令的地址不存在，或者该地址不允许当前指令访问，就会产生此异常	5
0x10	Data abort	数据访问中止异常：如果一个预取指令试图存取一个不存在或非法的内存单元，将会触发此异常	2
0x14	RESERVED	保留	保留
0x18	IRQ	一般中断异常	4
0x1C	FIQ	快速中断异常	3

（1）FIQ 的优先级高于 IRQ；

（2）FIQ 处于异常向量表的末端，在进行异常处理时不需要进行跳转；

（3）FIQ 比 IRQ 多 5 个私有寄存器，在中断操作中压栈与出栈的次数相对较少。

当多个异常中断同时发生时，CPU 根据异常的优先级决定响应异常的顺序，鲲鹏处理器异常的优先级从高到低依次是：Reset、Data abort、FIQ、IRQ、Prefetch abort、Undefined instructions 与 SWI，其中未定义指令异常 Undefined instructions 与软中断异常 SWI 优先级相同。

当处理器需要处理异常时，鲲鹏处理器会在执行完当前指令后，将下一条指令的地址存放在相应的 LR 寄存器中，以便程序处理完异常后返回到正确的位置重新执行指令。若异常从 ARM 状态下进入，LR 寄存器中保存的是下一条指令的地址；若异常从 Thumb 状态进入，则在 LR 寄存器中保存当前 PC 寄存器的偏移量，这样，异常处理程序就不需要确定异常是从何种状态进入的。随后，处理器需要将 CPSR 寄存器中的相应位保存至相应的 SPSR 寄存器中，保护处理器的执行状态，并根据异常的类型强制更改 CPSR 中的运行模式位。最后，处理器需要更改 PC 寄存器的值，从异常向量表指向的地址处取下一条指令并执行，从而跳转到相应的异常处理程序，还可以设置相应的中断禁止位，禁止中断的发生。异常总是在 ARM 状态进行处理，当处理器处于 Thumb 状态时发生了异常，在异常向量地址装入 PC 时，处理器会自动切换到 ARM 状态。

处理器处理完异常后需要返回异常发生的下一条指令处继续执行，操作流程如下：从异常返回，将 LR 寄存器的值减去相应的偏移量后送到 PC 中；将 SPSR 的值重新存入 CPSR 寄存器；若进入异常处理前设置了中断禁止位，则需要在本步骤清除。

7.3.2　SVC 系统调用

用户态和内核态是操作系统的两种运行状态。用户态具有较低的特权，仅能执行规定的指令，访问指定的寄存器和存储区，一般情况下，应用程序只能在用户态运行；内核态具有较高的特权，运行的代码不受限制，能够访问所有的寄存器和存储区，主要负责系统的运行以及硬件的交互。用户态与内核态的区分能够有效地防止用户进程误操作或恶意破坏系统。内核禁止用户态下的代码进行潜在危险的操作，如写入系统配置文件、关闭其他用户进程、重启系统等操作。

用户程序大部分时间是运行在用户态下的，当程序需要完成一些用户态没有权限执行的操作时，就需要切换到内核态中运行。用户态到内核态的切换是一个调用的过程，并不一定会带来进程或者线程的切换，从用户态切换到内核态有以下 3 种方式。

(1) 系统调用

系统调用是用户态进程主动切换到内核态的一种方式。用户态进程通过系统调用申请使用操作系统提供的服务程序来完成工作。

(2) 异常

CPU 在执行用户态进程时发生了异常，用户态进程将切换到处理此异常的内核相关进程，即完成了用户态到内核态的切换。

(3) 外设中断

外设向 CPU 发出中断信号，此时 CPU 会暂停执行下一条即将执行的指令，转而执行相应的中断处理程序。若中断产生时 CPU 正在执行用户态程序，中断处理时 CPU 即转而执行内核态的中断处理程序，此时可看作外设中断引发了用户态到内核态的转换。

系统调用与异常之间的联系可简单地解释为：系统调用通过引发异常使 CPU 执行异常处理程序，并通过异常处理程序完成系统调用的请求。系统调用与异常的联系如图 7.1 所示。

鲲鹏处理器的异常主要分为中断、中止、复位、未定义指令异常以及软中断异常。系统调用是一种特殊的异常，属于软中断异常，它通过异常处理指令触发。异常处理指令包含系统调用指令 SVC、虚拟化系统调用指令 HVC 和安全监控系统调用指令 SMC。

鲲鹏处理器包括 4 个异常级别，即 EL0～EL3，异常级别的切换如图 7.2 所示。

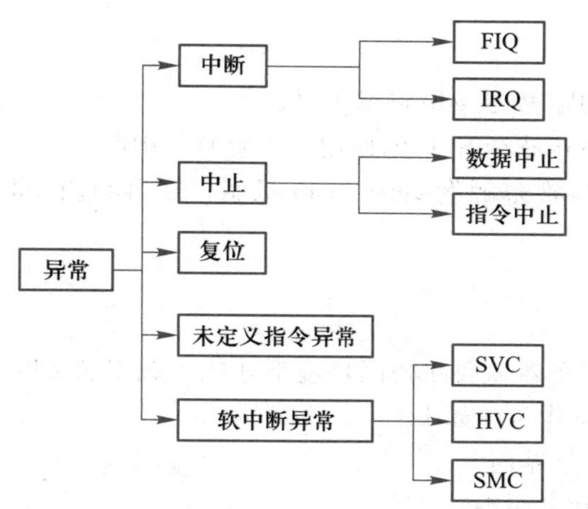

图 7.1 系统调用与异常的联系

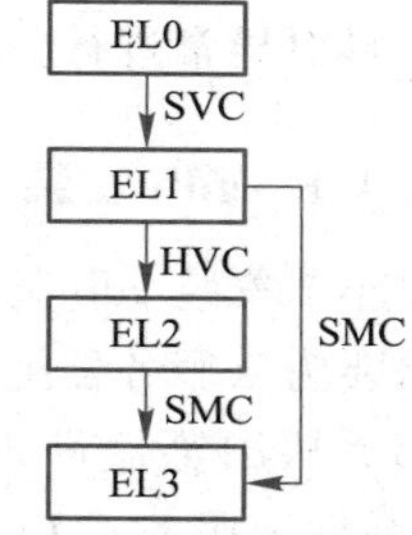

图 7.2 异常级别的切换

异常级别的切换只能发生在异常发生或异常处理返回的过程中，当发生异常时，异常级别增加或保持不变；当从异常处理返回时，异常级别减小或保持不变。常用的异常级别是 EL0 和 EL1，EL0 为用户态，EL1 为内核态。

SVC 指令在鲲鹏处理器中被归为异常处理指令，该指令允许用户程序调用内核，应用程序通过 SVC 指令自陷到内核态中。通过 SVC 指令，异常等级从 EL0 切换到 EL1。HVC 指令能够实现异常等级 EL1 至 EL2 的切换；SMC 指令则能够实现异常等级 EL1/EL2 至 EL3 的切换。

不同的系统调用拥有不同的编号，称为系统调用号，使用 SVC 指令触发系统调用有如下规则：32 位用户程序使用 x7 寄存器传递系统调用号，64 位用户程序使用 x8 寄存器传递系统调用号；使用 x0～x6 寄存器传递系统调用所需的参数，最多可传递 7 个参数；系统调用执行完毕后，使用 x0 寄存器存放返回值。在 7.4.2 小节的示例程序中，程序两次使用 SVC 指令进行系统调用，分别实现字符串的打印和程序的退出。

7.3.3 core dump 机制

当程序在运行过程中异常终止或崩溃，操作系统会将程序当时的内存状态记录下来，保存在一个文件中，这种行为叫作核心转储：core dump。core dump 也可以看作进程崩溃那一刻的内存快照，记录的内容包括内存信息、寄存器信息（包括程序指针、栈指针等）、内存管理信息、操作系统状态等。

core dump 对于编程人员诊断和调试程序有很大帮助。如指针异常等部分程序错误是难以重现的，core dump 能够记录程序崩溃时的场景并生成 core 文件保存，在 openEuler 下可使用 gdb、elfdump 和 objdump 等工具打开 core 文件进行分析。

7.4　实验任务

本实验的任务共有 3 个：

（1）为云服务器配置弹性公网 IP，安装 gdb 调试工具；

（2）编写汇编程序，学习系统调用指令 SVC 的使用，了解软件中断；

（3）编写示例程序，模拟指针异常来触发 core dump 机制，之后利用 gdb 调试工具对异常进行分析。

7.4.1　gdb 安装

本小节安装 gdb 调试工具。云服务器需要在公网环境下才能下载安装 gdb，因此需要为云服务器绑定公网 IP，操作步骤如下。

（1）从浏览器进入华为云控制台界面，单击“弹性云服务器 ECS”，进入弹性云服务器控制台，选中右侧的“更多”选项，选择网络设置中的“绑定弹性公网 IP”，如图 7.3 所示。

（2）单击“购买弹性公网 IP”，如图 7.4 所示。

（3）进入购买界面后，在计费模式处选择按需计费，在公网带宽处选择按带宽计费，带宽大小可选择 2 Mbit/s，如图 7.5 所示。

（4）购买完成后，进入弹性公网 IP 控制台，单击“绑定”，如图 7.6 所示。

（5）选中需要绑定的云服务器，单击“确定”，如图 7.7 所示。

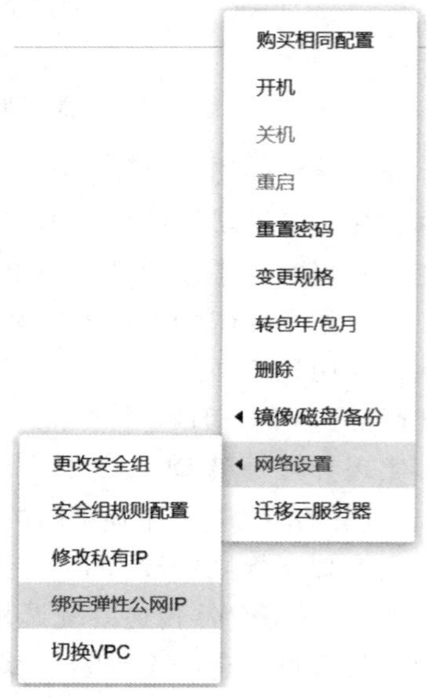

图 7.3　云服务器网络设置

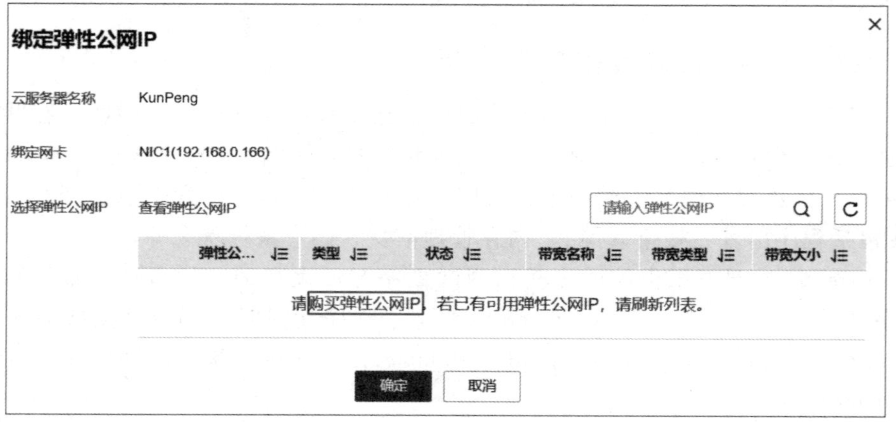

图 7.4　弹性公网 IP 购买

图 7.5　弹性公网 IP 配置

图 7.6　弹性公网 IP 绑定

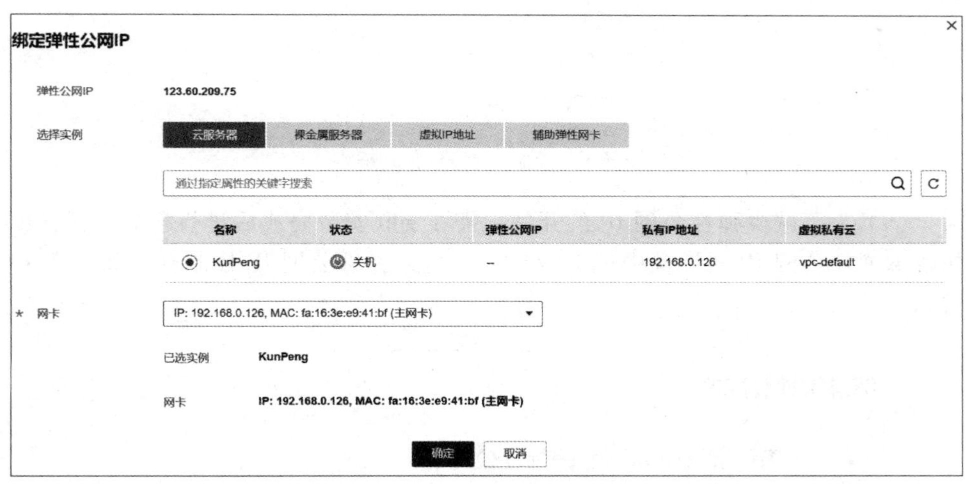

图 7.7　云服务器绑定

（6）回到云服务器控制台，查看云服务器的 IP 地址，此时 IP 地址栏中出现弹性公网 IP，如图 7.8 所示。

状态	规格/镜像	IP地址
关机	2vCPUs | 4GiB | kc1.l... openEuler 20.03 64bit...	123.60.209.75... 192.168.0.126...

图 7.8　弹性公网 IP 绑定成功

(7) 登录华为鲲鹏云服务器，进入控制台，在 openEuler 命令行中输入命令 yum install gdb，安装 gdb 调试工具。

(8) 安装完成后，回到弹性云服务器控制台，选中云服务器右侧的“更多”选项，选择网络设置中的“解绑弹性公网 IP”，如图 7.9 所示。

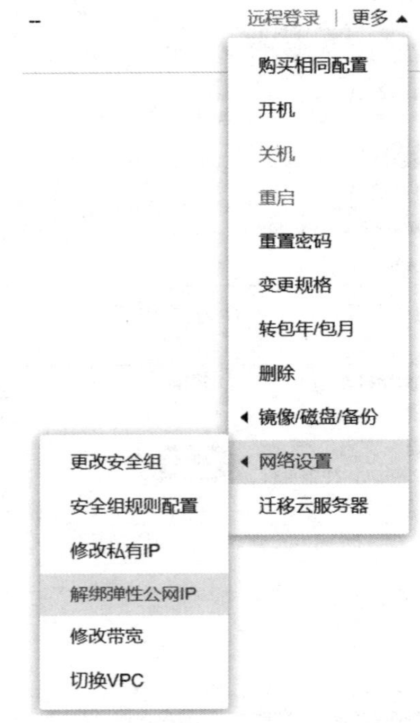

图 7.9　云服务器公网 IP 解绑

(9) 为了减少弹性公网 IP 的开销，需在 gdb 安装完成后进行解绑。在弹出的解绑弹性公网 IP 对话框中单击“释放”，进入弹性公网 IP 控制台，如图 7.10 所示。

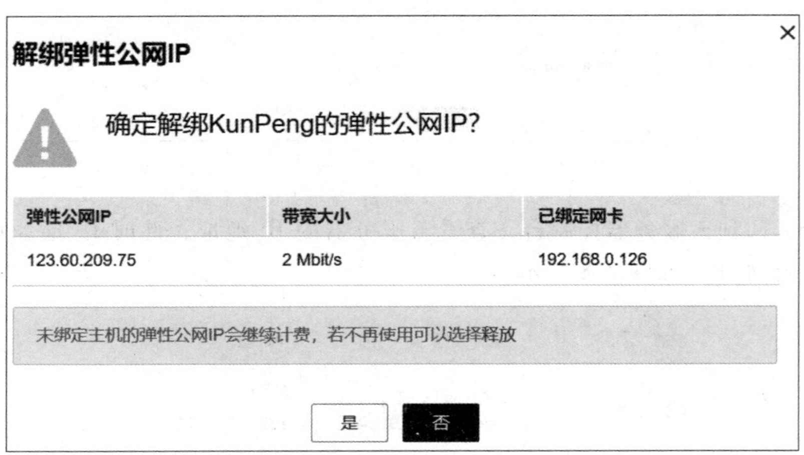

图 7.10　弹性公网 IP 控制台进入

（10）在弹性公网 IP 控制台中单击右侧的“解绑”，选择“是”，如图 7.11 所示。

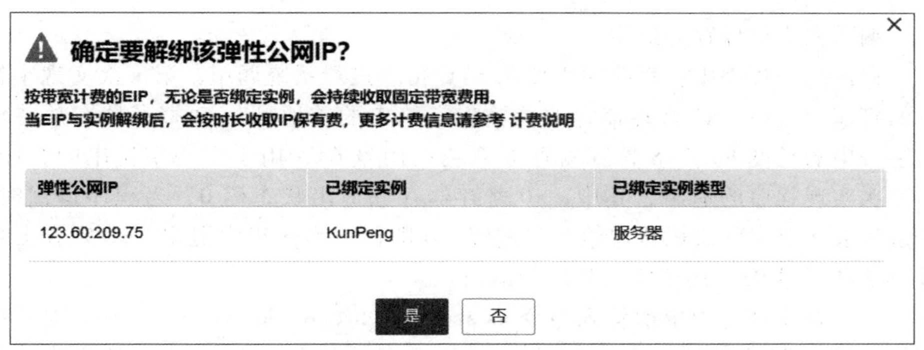

图 7.11　弹性公网 IP 解绑

（11）解绑完成后，单击右侧的“更多”选项，选择“释放”，如图 7.12 所示。

至此，gdb 安装完成，弹性公网 IP 解绑并释放，弹性公网 IP 不再产生费用。

图 7.12　弹性公网 IP 释放

7.4.2　SVC 指令应用

本小节通过编写示例程序，实现异常处理指令 SVC 的应用，操作步骤如下。

（1）登录华为鲲鹏云服务器，进入控制台。

（2）在命令行中输入命令 cd /home，进入到“home”目录下。

（3）在命令行中依次输入命令 mkdir svc、cd svc，创建并进入“svc”文件夹。

（4）在命令行中输入命令 vim svc.s，创建并编写 svc.s 文件，内容如下。

```
.text                              // 以下为代码段
.global _start                     // 定义全局符号_start
_start:
    mov x0, #0
    ldr x1, =msg                   // x1 寄存器存放字符串首地址
    mov x2, len                    // x2 寄存器存放字符串长度
    mov x8, 64                     // x8 寄存器存放系统调用号 64
    svc #0                         // 系统调用
    mov x0, 0                      // x0 寄存器存放退出状态码 0
    mov x8, 93                     // x8 寄存器存放系统调用号 93
    svc #0                         // 系统调用
.data                              // 以下为数据段
msg:
```

```
    .ascii "System call succeeded\n"        // 定义字符串内容
    len = . -msg                            // 记录字符串长度
```

编写完成后保存并退出。

在该示例程序中，程序两次使用 SVC 指令进行系统调用：第一次实现字符串的打印，其中，x1 寄存器存放待输出字符串的首地址，x2 寄存器存放待输出字符串的长度 len，x8 寄存器存放系统调用号 64，用于实现字符串的打印；第二次实现程序的退出，其中，x0 寄存器存放退出状态码 0，当程序退出时，子进程会将退出状态码传递给其父进程，0 即代表程序正常退出，x8 寄存器存放系统调用号 93，用于实现程序的退出。

（5）在命令行中依次输入命令 as svc. s -o svc. o、ld svc. o -o svc，对程序进行编译和链接，然后运行 ls 命令，显示当前路径下的全部文件列表，如图 7. 13 所示。

（6）在命令行中输入命令 . /svc，运行程序，如图 7. 14 所示。

```
[root@kunpeng svc]# vim svc.s
[root@kunpeng svc]# as svc.s -o svc.o
[root@kunpeng svc]# ld svc.o -o svc
[root@kunpeng svc]# ls
svc  svc.o  svc.s
```

图 7. 13　示例程序编译与链接

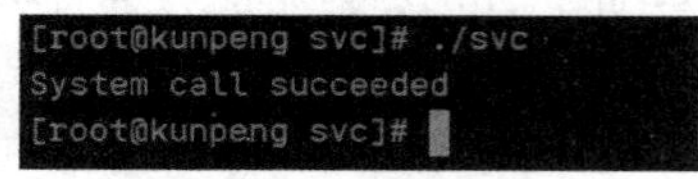
[root@kunpeng svc]# ./svc
System call succeeded
[root@kunpeng svc]#

图 7. 14　示例程序运行结果

从图 7. 14 中可以看出，字符串打印成功，即成功使用软中断指令 SVC 进行系统调用。

7. 4. 3　core dump

本小节通过指针异常来触发 core dump 机制，随后利用 gdb 调试工具对异常进行分析，操作步骤如下。

（1）登录华为鲲鹏云服务器，进入控制台。

（2）在命令行中输入命令 ulimit -c unlimited，不限制 core 文件的大小。更改完成后在命令行中输入命令 ulimit -c 查看修改结果，输出为 unlimited 说明 core 文件大小设置成功，如图 7. 15 所示。

```
[root@kunpeng ~]# ulimit -c unlimited
[root@kunpeng ~]# ulimit -c
unlimited
```

图 7. 15　core 文件大小设置

（3）在命令行中输入命令 echo "/tmp/corefile-%e-%p-%t" > /proc/sys/kernel/core_pattern，将语句"/tmp/corefile-%e-%p-%t"重定向至 core_pattern 文件中，其中，core_pattern 文件存放 core 文件的生成规则，"/tmp/corefile-%e-%p-%t"语句设置生成的 core 文件保存位置为"/tmp/corefile"目录，"corefile-%e-%p-%t"对应着文件命名格式，%e 代表可执行文件名称，%p 代表 pid，%t 代表时间戳。

（4）在命令行中输入命令 cd /home，进入到"home"目录下。

（5）在命令行中依次输入命令 mkdir dump、cd dump，创建并进入"dump"

文件夹。

(6) 在命令行中输入命令 vim Dumpdemo.c，创建并编写 Dumpdemo.c 文件，内容如下。

```
#include <unistd.h>
#include <sys/time.h>
#include <sys/resource.h>
#include <stdio.h>
#define CORE_SIZE 1024 * 1024 * 500          // 定义 core 文件大小
int main()
{
    struct rlimit rlmt;                      // core 文件配置结构体
    // 设置当前 core 文件大小
    rlmt.rlim_cur = (rlim_t)CORE_SIZE;
    // 设置最大 core 文件大小
    rlmt.rlim_max = (rlim_t)CORE_SIZE;
    // 输出设置后的 core 文件大小
    printf("After set rlimit CORE dump current is:%d ,
        max is:%d\n", (int)rlmt.rlim_cur, (int)rlmt.rlim_max);
    char *ptr ;                              // 指针未初始化
    *ptr = 'a';                              // 未初始化指针赋值
    return 0;
}
```

编写完成后保存并退出。

(7) 在命令行中输入命令 gcc -g Dumpdemo.c -o Dumpdemo，编译示例程序。

(8) 在命令行中输入命令 ./Dumpdemo，运行示例程序，如图 7.16 所示。

```
[root@kunpeng dump]# gcc -g Dumpdemo.c -o Dumpdemo
[root@kunpeng dump]# ./Dumpdemo
After set rlimit CORE dump current is:524288000, max is:524288000
Segmentation fault (core dumped)
```

图 7.16 原始程序执行结果

(9) 在命令行中输入命令 ls /tmp，查看生成的 core 文件，如图 7.17 所示。

```
[root@kunpeng dump]# ls /tmp
corefile-Dumpdemo-5200-1667715925
```

图 7.17 core 文件查看

(10) 在命令行中输入命令 mv /tmp/corefile-Dumpdemo-5200-1667715925 /home/dump，将 core 文件移动至 Dumpdemo 所在的文件夹中，其中参数一为生

成 core 文件的名称，参数二为移动的目标地址。

(11) 在命令行中输入命令 gdb ./Dumpdemo corefile-Dumpdemo-5200-1667715925，定位并查看报错信息，如图 7.18 所示。

```
For help, type "help".
Type "apropos word" to search for commands related to "word"...
Reading symbols from ./Dumpdemo...
[New LWP 5200]
Core was generated by `./Dumpdemo'.
Program terminated with signal SIGSEGV, Segmentation fault.
#0  0x00000000004006c0 in main () at Dumpdemo.c:16
16          *ptr = 'a';                         // 未初始化指针赋值
(gdb) 
```

图 7.18　gdb 界面

图中给出的程序崩溃位置为 0x4006c0，并指出错误出现在源代码第 16 行。

(12) 在 gdb 命令行中输入命令 info registers，查看寄存器信息，如图 7.19 所示。

```
(gdb) info registers
x0             0x0                 0
x1             0x61                97
x2             0x16c7b64bc4732e00  1641481025734520320
x3             0x0                 0
x4             0x0                 0
x5             0x24de02a2          618529442
x6             0xa                 10
x7             0xa                 10
x8             0x40                64
x9             0xfffffff7          4294967287
x10            0x0                 0
x11            0xfffff9c98b38      281474872478520
x12            0x20                32
x13            0x0                 0
x14            0x0                 0
x15            0xa                 10
x16            0x7                 7
x17            0x24de0208          618529288
x18            0xfffff9c98b2f      281474872478511
x19            0x4006d0            4196048
x20            0x0                 0
x21            0x400580            4195712
x22            0x0                 0
x23            0x0                 0
x24            0x0                 0
x25            0x0                 0
--Type <RET> for more, q to quit, c to continue without paging--
x26            0x0                 0
x27            0x0                 0
x28            0x0                 0
x29            0xfffff9c98c70      281474872478832
x30            0x4006b8            4196024
sp             0xfffff9c98c70      0xfffff9c98c70
pc             0x4006c0            0x4006c0 <main+76>
cpsr           0x60000000          [ EL=0 C Z ]
fpsr           0x0                 0
fpcr           0x0                 0
(gdb) 
```

图 7.19　寄存器信息

图中的 pc 值为 0x4006c0，与图 7.18 中的崩溃位置一致。

(13) 在 gdb 命令行中输入命令 quit，退出 gdb 调试工具。

(14) 回到 dump 目录后，在 openEuler 命令行中输入命令 vim Dumpdemo_ok.c，创建并编写 Dumpdemo_ok.c 文件，内容如下。

```
#include <unistd.h>
#include <sys/time.h>
#include <sys/resource.h>
#include <stdio.h>
#define CORE_SIZE 1024 * 1024 * 500
int main()
{
    struct rlimit rlmt;
    // 设置当前 core 文件大小
    rlmt.rlim_cur = (rlim_t)CORE_SIZE;
    // 设置最大 core 文件大小
    rlmt.rlim_max = (rlim_t)CORE_SIZE;
    // 输出设置后的 core 文件大小
    printf("After set rlimit CORE dump current is:%d,
          max is:%d\n", (int)rlmt.rlim_cur, (int)rlmt.rlim_max);
    char *ptr ;
    char A[10];
    ptr = A;
    *ptr = 'a';
    return 0;
}
```

编写完成后保存并退出。

(15) 在命令行中输入命令 gcc -g Dumpdemo_ok.c -o Dumpdemo_ok，编译修正程序。

(16) 在命令行中输入命令 ./Dumpdemo_ok，运行修正程序，如图 7.20 所示。

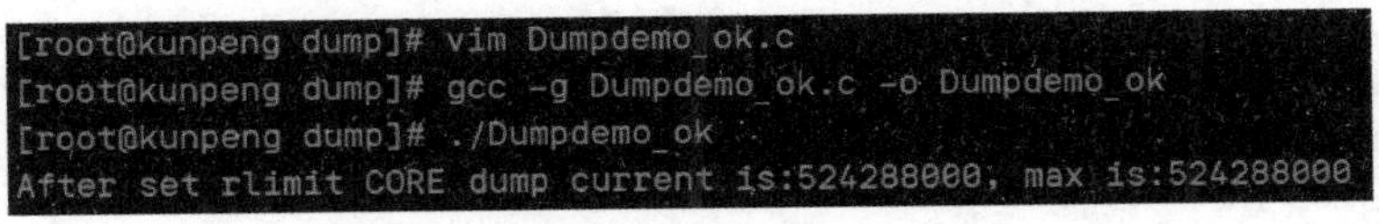

```
[root@kunpeng dump]# vim Dumpdemo_ok.c
[root@kunpeng dump]# gcc -g Dumpdemo_ok.c -o Dumpdemo_ok
[root@kunpeng dump]# ./Dumpdemo_ok
After set rlimit CORE dump current is:524288000, max is:524288000
```

图 7.20 修正程序运行

从图 7.20 可以看出，修正后的程序能够正常运行，即成功利用 core dump 生成的 core 文件，使用 gdb 调试工具找出错误位置。

7.5　思考题

请按照下列步骤进行操作，使用 gdb 分析工具找出错误位置，并回答最后的问题。

实验操作步骤如下。

(1) 登录华为鲲鹏云服务器，进入控制台。

(2) 在命令行中输入命令 cd /home/dump，进入到“dump”目录下。

(3) 在命令行中输入命令 vim test.c，创建并编写 test.c 文件，内容如下。

```
#include <stdio.h>
int main()
{
    int *p;
    int a[8] = {1, 2, 3, 4, 5, 6, 7, 8};      // 数组初始化
    p = a;
    *(p + 8) = 1;
    printf("%d\n", *(p + 8));
    return 0;
}
```

编写完成后保存并退出。

(4) 在命令行中输入命令 gcc -g test.c -o test，编译 test 程序。

(5) 在命令行中输入命令 ./test，运行 test 程序，如图 7.21 所示。

```
[root@kunpeng dump]# gcc -g test.c -o test
[root@kunpeng dump]# ./test
Segmentation fault (core dumped)
[root@kunpeng dump]#
```

图 7.21　test 程序运行结果

要求：使用 gdb 调试工具找出错误位置，并分析错误原因。根据返回信息可知程序发生段错误，请解释本例发生错误的原因并思考其他可能导致段错误的原因。

第 8 章　鲲鹏处理器核间中断

8.1　实验目的

通过编写示例程序，学习鲲鹏处理器的中断机制，了解核间中断的工作原理，掌握核间中断相关函数的使用方法，以及鲲鹏处理器/openEuler 平台的内核驱动程序设计方法。

8.2　实验环境

本实验的软硬件环境如下：

- 硬件环境：具备网络连接的个人计算机、华为鲲鹏云服务器；
- 软件环境：openEuler 操作系统、gcc 编译器。

8.3　实验原理

本节分为 4 个部分：第一部分介绍鲲鹏处理器的中断系统；第二部分介绍鲲鹏处理器核间中断的种类和 openEuler 操作系统提供的核间中断相关 API；第三部分介绍 openEuler 操作系统内核模块的相关概念；第四部分通过示例程序介绍核间中断相关函数的使用方法。

8.3.1　中断控制器

GIC(generic interrupt controller，通用中断控制器)是 SoC 中进行中断管理和控制的部件，是一种通用的中断控制器，其功能包括收集发送至处理器的各种中断，进行中断判优、中断屏蔽等各种中断管理工作，同时记录中断的状态，最终向处理器核发起中断请求。GIC 共包括 4 个版本，GIC v1 已经停止使用，GIC v2 支持 ARM Cortex-A7、A15、A53、A57 等内核，GIC v3 支持 ARM Cortex-A53、A57、A72 等内核，GIC v4 支持 ARM Cortex-A75 和 A76 等内核。现阶段使用较多的版本为 GIC v3。鲲鹏处理器的 TaiShan V110 内核即采用 ARM GIC v3 架构，因此本小节主要对 GIC v3 进行介绍。

GIC v3 共支持以下 4 种类型的中断。

(1) PPI(private peripheral interrupt，私有外设中断)。PPI 由核内硬件触发，特点是本核触发，本核处理，例如核内通用定时器的中断请求。

(2) SPI(shared peripheral interrupt，共享外设中断)。SPI 是指常见的外部设备引起的中断，多个内核都可处理，例如键盘按键和鼠标点击等引发的中断。

(3) SGI(software generated interrupt，软件中断)。SGI 是通过软件写通用中断控制器中的 SGI 寄存器产生的中断，通常用于处理内核间的通信。

(4) LPI(locality-specific peripheral interrupt，特定区域外设中断)。LPI 是为支持基于消息的中断(message-based interrupt，MBI)而设定的中断类型。

GIC v2 是 GIC v3 的基础，二者结构具有一定相似度，后者在前者基础上做了一定程度的改进，图 8.1 详细展示了 GIC v2 的结构。

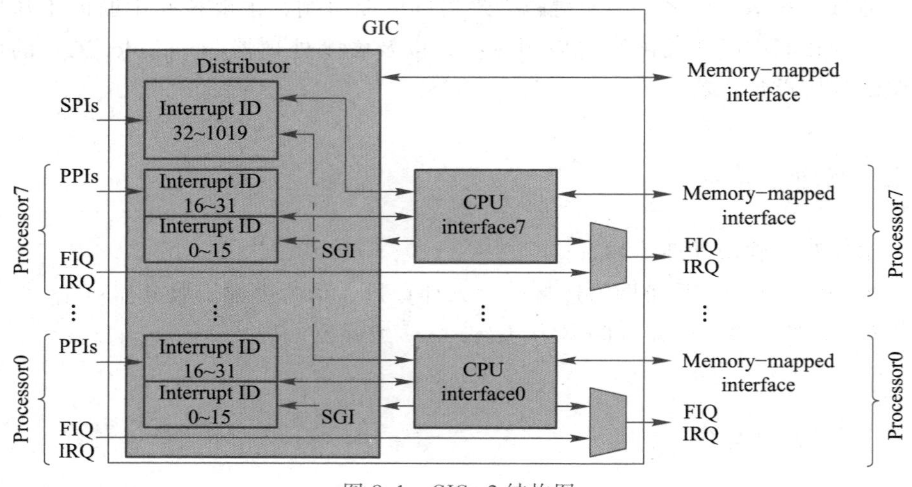

图 8.1　GIC v2 结构图

GIC v2 主要由两部分结构组成，分别是 Distributor 和 CPU interface。Distributor 是通用中断控制器的中断分发器，其功能包括：

(1) 对中断控制系统的整体使能；

(2) 控制中断的优先级；

(3) 设置中断的触发方式；

(4) 决定将中断分发到哪个具体的 CPU 内核进行处理；

(5) 记录每个中断的状态，包括是否提出了中断请求、中断是否正在处理中、是否处理完毕等。

中断分发器内部共包含 9 个模块，第一个模块专门用于接收 SPI 中断，SPI 中断使用的中断号为 32~1019。其他 8 个模块功能类似，因为 GIC v2 最多支持 8 个处理器内核，所以这 8 个模块中的每个模块对应一个内核，即 Processor0~Processor7。每个内核都可以发起私有外设中断，即 PPI，中断号为 16~31；每个内核也可以向其他内核发起软件中断，即 SGI，中断号为 0~15。除此之外，每个内核还可以发起 IRQ 和 FIQ 中断，这两种中断不经过 Distributor 和 CPU interface，属于非屏蔽中断。当中断控制器整体关闭时，这两种中断仍然可以到达目标 CPU 内核。

CPU interface 是 Distributor 连接 CPU 内核的接口，负责对 Distributor 传递的中断进行判优，选出优先级最高的中断送入对应 CPU 内核，其功能包括：

(1) 使能和发送具体的中断请求信号到对应的 CPU 内核上，确认中断已经被 CPU 内核接收、处理以及处理完毕；

(2) 设置 CPU 内核能接受的中断门槛级别，以及基于中断优先级的中断抢断处理。

GIC v3 相对 GIC v2 有 3 个主要的改进。第一个改进为设计了基于消息的中断机制。GIC v2 采用传统的中断信号线方式，如图 8.2 所示。设备通过若干条信号线连接到中断控制器，由中断控制器向处理单元发出具体的中断请求。这种利用独立的中断请求信号线向中断控制器发送中断请求的方式存在着中断信号线数目有限、不利于芯片布线、中断号数量不足等缺陷。

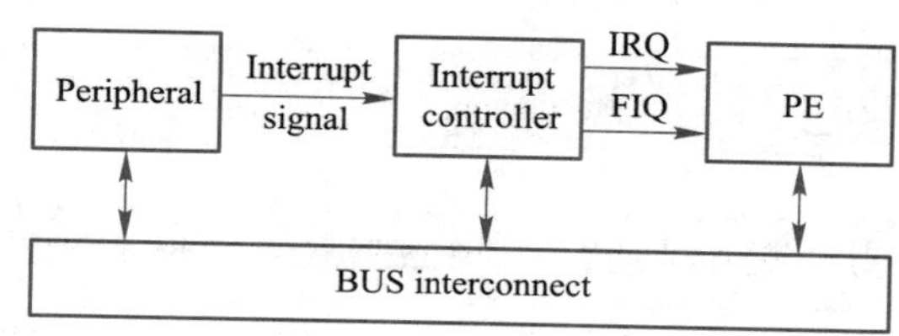

图 8.2 传统的中断信号线方式

GIC v3 新增了消息形式上报中断的机制，即 MBI。设备通过系统总线向特定地址空间写特定消息，以此产生特定中断，基于该机制产生的中断被称为 MBI 中断，如图 8.3 所示。

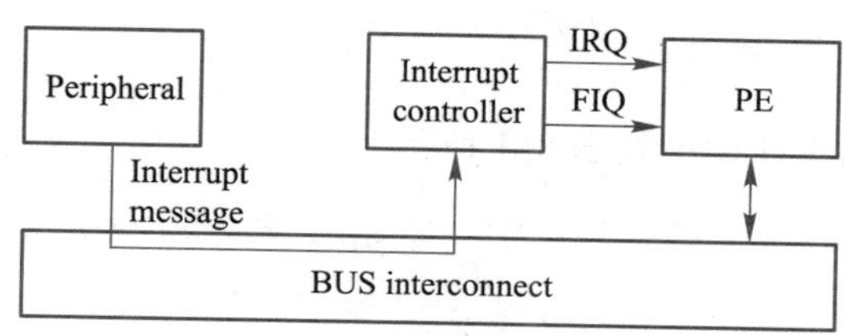

图 8.3 MBI 机制

第二个改进为内核编址方式。由于 GIC v2 只能支持 8 个内核，这些内核在一些场景下无法满足使用需求，因此 GIC v3 改进了内核编址方式，使用属性层次来支持更多内核。内核的编址用 4 个数字段来表示，不同的属性层次使用不同的数字段，可以支持极大数量的内核，如图 8.4 所示。

第三个改进为将 CPU interface 模块移入内核，并新增了 Redistributor 模块，如图 8.5 所示。由于 CPU interface 的功能应用非常频繁，因此将其从 GIC 中剥离出来，移入内核，以加快运行速度。同时新增 Redistributor 模块，其功能包括：使能和禁用 SGI、PPI，设置其优先级，控制其状态；设置 PPI 的触发方

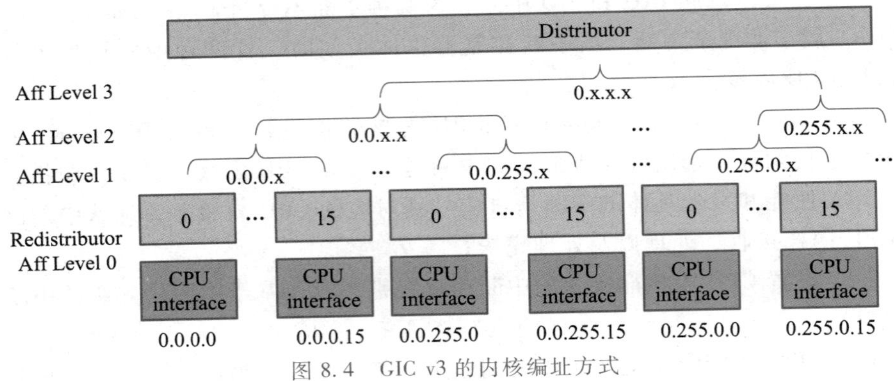

图 8.4　GIC v3 的内核编址方式

式；处理 PPI，使其不再经过分发器；处理 LPI，使其不需经过分发器；负责相连内核的电源管理等。

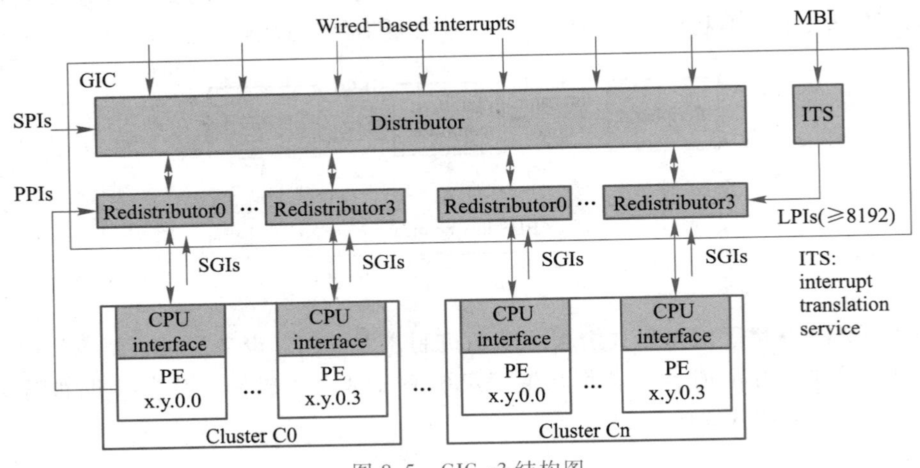

图 8.5　GIC v3 结构图

GIC v3 支持的中断类型如表 8.1 所示。

表 8.1　鲲鹏处理器规定的中断类型及其对应的中断号范围

中断号	中断类型	备注
0～15	SGI	Banked per PE
16～31	PPI	Banked per PE
32～1019	SPI	—
1020～1023	Special interrupt number	Used to signal special cases
1024～8191	Reserved	—
≥8192	LPI	—

8.3.2 核间中断

核间中断即处理器内核间中断(inter-processor interrupt，IPI)，是一种特殊类型的中断，即在多核系统中，如果某内核需要其他内核的服务，则会向其他处理器发送中断请求。核间中断支持的行为包括：唤醒其他内核，关闭其他内核，在其他内核上执行回调函数等。IPI 中断目前是多核处理器中各内核彼此间通信的唯一方法，从属于 8.3.1 节中介绍的 SGI(software generated interrupt)中断，在 GIC v3 架构中，共有 16 个 SGI 中断。

在 openEuler 操作系统中，默认定义了 8 种 IPI 中断(SGI0～SGI7)，分别如下。

(1) IPI_RESCHEDULE：0 号中断，在指定内核上重新调度进程。当前内核决定唤醒某个睡眠中的进程时，会为待唤醒的进程选择一个合适的内核，然后将该进程挂载到目标内核的等待队列上，接着向目标内核发送中断，使其唤醒该进程。

(2) IPI_CALL_FUNC：1 号中断，在指定远程内核上运行特定回调函数。当前内核将指定远程内核调用的回调函数挂载到远程内核的队列上，然后向远程内核发送 IPI_RESCHEDULE 中断，远程内核就会执行队列上的所有回调函数，且整个过程中远程内核禁止调度和抢占。

(3) IPI_CPU_STOP：2 号中断，使指定远程内核停止。首先在标志内核是否可供调度的 cpu_online_mask 中，将指定远程内核的对应位置为 0，然后设置远程内核的 D、A、I、F 状态位为 1，即关闭该内核的系统调试(D)，关闭系统错误 SError interrupt(A)，关闭 IRQ 中断 IRQ interrupt(I)，关闭快速中断 FIQ interrupt(F)。

(4) IPI_CPU_CRASH_STOP：3 号中断，指定远程内核执行崩溃转储。在系统崩溃时，发生崩溃的内核向其他内核发送此中断，将寄存器信息保存下来，方便之后通过相关工具分析系统崩溃原因。

(5) IPI_TIMER：4 号中断，指定远程内核广播时钟事件。

(6) IPI_IRQ_WORK：5 号中断，指定远程内核在中断上下文中执行回调函数。

(7) IPI_WAKEUP：6 号中断，唤醒指定远程内核。远程内核收到该中断时，会从低功耗状态下被唤醒。

(8) NR_IPI：7 号中断，暂未使用。

下面以 1 号中断 IPI_CALL_FUNC 为例，介绍 SGI 中断的流程。openEuler 操作系统提供了一些 IPI_CALL_FUNC 中断的接口供开发者调用，其中包括 on_each_cpu()、smp_call_function()、smp_call_function_single()等，这些函数最终都会通过调用 gic_send_sgi()函数向指定内核发起中断。这些函数的功能描述如下。

(1) on_each_cpu() 函数

在当前内核执行回调函数并向除当前内核外其他所有内核发起 IPI_CALL_FUNC 中断，在其他所有内核上执行回调函数，原型如下。

```
#include <linux/smp.h>
int on_each_cpu(smp_call_func_t func, void * info, int wait);
```

其中，参数 func 为回调函数，参数 info 为函数 func() 的参数，参数 wait 用于设置是否等待回调函数在所有 CPU 上执行完毕，若 wait 的值为 True，则此函数将等待函数 func() 在所有内核上执行完毕后才会返回。函数执行成功返回 0，失败返回负值。

(2) smp_call_function() 函数

向除当前内核外其他所有内核发起 IPI_CALL_FUNC 中断，在除当前内核外所有内核上执行回调函数，原型如下。

```
#include <linux/smp.h>
void smp_call_function(smp_call_func_t func, void * info,
                                                  int wait);
```

参数意义同上。

(3) smp_call_function_single() 函数

向指定内核发起 IPI_CALL_FUNC 中断，使其执行指定的回调函数，原型如下。

```
#include <linux/smp.h>
int smp_call_function_single(int cpu, smp_call_func_t func,
                                      void * info, int wait);
```

其中，参数 cpu 为指定的内核 ID，其余参数意义同上。

8.3.3　内核模块

本章实验需要使用到 openEuler 的内核模块功能，该机制与 Linux 的内核模块机制相同。

按照内核的体积和功能的不同，内核可以分为两种：微内核(micro kernel)和单内核(monolithic kernel)。

采用微内核的操作系统内核体积较小，内核包含的功能也较少，通常只负责进行内存管理、进程调度、进程通信、中断等工作，而把传统操作系统中内核的其他模块转移到进程中，这些模块之间通过内核进行联系。采用这种内核结构可以降低内核中各功能模块之间的耦合，可以提供更好的扩展性和更加有效的应用环境，后续对系统进行升级时，只需要用新模块替换旧模块，对操作系统的整体改动较小。但是，内核中各功能模块传递消息需要一定的开销，势必会影响系统运行的效率。采用微内核设计的操作系统有 Mach、QNX、minix、

Windows NT 等。

单内核操作系统采用了内核单一化设计，将所有的功能模块都封装到一个大的进程中，内核是一个单独的二进制映像，其各功能模块之间可以通过函数的调用实现通信，而不是通过消息传递机制。单内核又称作单一内核、大内核、宏内核等。因单内核运行时避免了各功能模块间频繁的消息传递，因此运行效率较高。但是从软件工程的角度来说，其各个模块之间耦合性较强，导致其较难维护和增加新的功能。采用单内核设计的操作系统有 Multics、UNIX、Linux、MS-DOS、OS/360 等。

微内核和单内核各有优缺点，在 Linux 诞生之初，由于内核结构还曾经引起了单内核支持者与微内核支持者的一场争论。时至今日，Linux 已经被移植到了各种平台，早已证明了它蓬勃的生命力。

Linux 采用单内核结构的同时，支持模块特性。模块全称为动态可加载内核模块(loadable kernel module)，模块是在内核空间中运行的程序，实际上是一种目标对象文件，一般由一组函数或数据结构组成。模块没有经过链接，不能独立运行，但是其代码可以在运行时链接到系统中，作为内核的一部分来运行，从而可以动态扩充内核的功能，也可以从内核中卸载。模块一旦被插入到内核中，就获得了和内核同等的地位，模块代码与内核代码完全等价。由于引入了模块机制，Linux 的内核体积可以很小，即内核中只包含一些基本功能，而把大部分功能作为模块编译，在需要时动态插入模块，实现了单内核系统的可扩展性。Linux 系统的设备驱动程序大都采用模块方式实现。

Linux 系统一般包含对内核进行操作的实用工具软件，例如 modutils 就是管理内核模块的一个实用工具集，主要包括以下几个程序。

(1) insmod：用于将编译好的模块插入到内核中。insmod 运行时会自动调用模块中的 init_module()函数。只有超级用户才有使用 insmod 的权限。

(2) rmmod：用于将插入到内核中的模块卸载。rmmod 运行时会自动调用模块中的 cleanup_module()函数。只有超级用户才有使用 rmmod 的权限。

(3) lsmod：用于显示当前系统中所有正在运行的模块的信息，这个程序实际读取并显示了文件/proc/modules 中的信息。

(4) ksyms：用于显示内核符号和模块符号表的信息。

(5) depmod：处理可加载内核模块的依赖关系。depmod 会检查模块之间的依赖性，然后把依赖关系写入 modules. dep 文件。

(6) modprobe：根据模块之间的依赖关系自动插入所需模块。modprobe 根据 depmod 分析得到的依赖关系，调用 insmod 完成模块的自动装载。

Linux 内核模块程序主要包括以下几个部分。

(1) 模块加载函数 module_init()：当用户通过 insmod 命令或 modprobe 命令加载模块到内核空间时，此函数会被自动执行，主要完成本模块的一系列初始化工作。

(2) 模块卸载函数 module_exit()：当用户通过 rmmod 命令将模块从内核中

卸载时，此函数会被内核自动执行，完成与模块加载相反的操作。

（3）模块许可证声明 MODULE_LICENSE()：从 Linux 2.4.10 版本内核开始，模块必须通过 MODULE_LICENSE 宏来声明此模块的许可证，否则在加载模块到内核时，用户会收到内核被污染的警告，常用的许可证有“GPL”“GPL v2”等。

（4）可选的模块参数 module_param()：允许驱动程序声明所需的参数，这些参数可以在运行 insmod 命令或 modprobe 命令装载模块时赋值。

（5）可选的模块导出符号 EXPORT_SYMBOL()：将本模块内的函数导出，导出的函数可供其他内核模块调用。

（6）可选的模块作者声明：声明模块的作者。

8.4　实验任务

本章实验任务包括：编写虚拟设备的内核程序模块，该设备为核间任务调度器，设备模块使用核间中断相关 API 调用 IPI_CALL_FUNC 核间中断，在指定核上执行目标函数，实现向特定的核分派来自其他核的高优先级任务，将工作负载分配到可用内核上，提高硬件资源的利用效率。

图 8.6 为实验任务的流程图，应用程序打开调度器，控制调度器进行多核调度，运行目标函数。

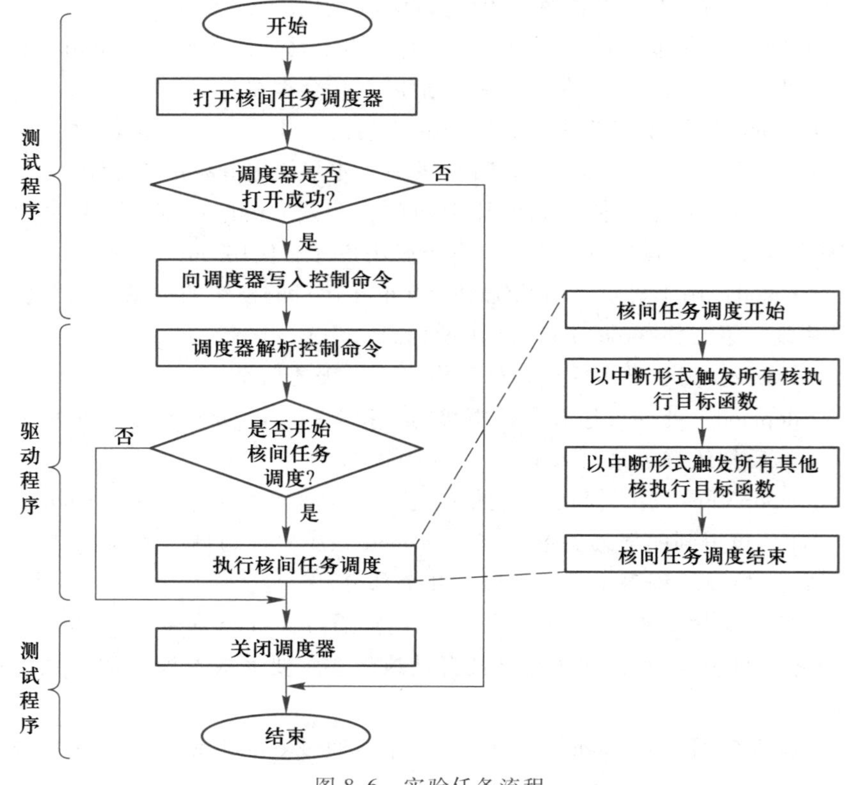

图 8.6　实验任务流程

实验操作步骤如下。

(1) 登录华为鲲鹏云服务器，进入控制台。

(2) 在命令行中输入命令 cd /home，进入到"home"目录下。

(3) 在命令行中依次输入命令 mkdir ipi、cd ipi，创建并进入"ipi"文件夹。

(4) 在命令行中输入命令 vim IPI_dev.c，创建并编写 IPI_dev.c 源码文件。

```
#include <linux/init.h>
#include <linux/module.h>
#include <linux/kernel.h>
#include <linux/smp.h>
#include <linux/ioctl.h>
#include <linux/miscdevice.h>
#include <linux/fs.h>
#define IPI_PRINT 0                          // 定义设备控制命令宏
static void smp_print_id(void * t)    // 分派到特定核的任务函数
{
    // 获取执行此任务的 CPU 核序号
    unsigned int current_cpu = smp_processor_id();
    // 打印执行此任务的 CPU 核序号
    printk("Current cpu_id: %d\n", current_cpu);
}
static void smp_task(void)                   // 调度器的任务调度实现
{
    // 获取当前 CPU 核序号
    int cpu_id = smp_processor_id();
    // 初始化保存函数返回结果的变量
    int res1, res2 = 0;
    // 打印内核消息，表示调度任务开始执行
    printk("Smp_task starts, current cpu_id: %d\n", cpu_id);
    // 在每个 CPU 核上执行目标函数
    res1 = on_each_cpu(smp_print_id, NULL, 1);
    // 打印内核消息，表示目标函数执行完毕
    printk("Finish on each cpu.\n");
    // 除了当前核，其他核都执行目标函数
    res2 = smp_call_function(smp_print_id, NULL, 1);
    // 打印内核消息，表示目标函数执行完毕
    printk("Finish on other cpu.\n");
}
static int IPI_dev_open(struct inode * inode,
                                      struct file * filp) // 打开设备
{
```

```
    // 打印内核消息，表示调度器打开成功
    printk("Open successfully\n");
    return 0;
}
// 调度器的控制函数，控制调度器的工作开始与结束
static long IPI_dev_ioctl(struct file * filp, unsigned int cmd,
                                            unsigned long arg)
{
    // 调度器根据指令进行不同的操作
    switch (cmd)
    {
    // 调度目标函数指令
    case 0:
        smp_task();                         // 开始任务调度
        break;
    // 其他情况
    default:
        return -EINVAL;
    }
    return 0;
}
static const struct file_operations IPI_dev_fops =
{
    // 一个指向拥有这个结构的模块的指针,
    // 这个成员用来在其操作还在被使用时阻止模块被卸载
    .owner = THIS_MODULE,
    .open = IPI_dev_open,                   // 设备打开时调用此函数
    .unlocked_ioctl = IPI_dev_ioctl,        // 设备控制函数
};
static struct miscdevice misc =
{
    // 与设备绑定的操作接口
    .minor = MISC_DYNAMIC_MINOR,            // 设备编号
    .name = "IPI_dev",                      // 设备名
    .fops = &IPI_dev_fops,
};
static int __init IPI_dev_init(void)
{
    int ret;
    ret = misc_register(&misc);             // 注册设备
    printk("Init\n");                       // 打印内核提示消息
```

```
    return ret;
}
static void __exit IPI_dev_exit(void)
{
    // 注销设备
    misc_deregister(&misc);
    // 打印内核提示消息
    printk(KERN_DEBUG "Unload\n");
}
module_init(IPI_dev_init);          // 内核初始化函数
module_exit(IPI_dev_exit);          // 内核卸载函数
MODULE_LICENSE("GPL");              // 开源许可证
```

编写完成后保存并退出。下面简单介绍代码中获取当前 CPU 核序号的接口 smp_processor_id()。它是 smp.h 头文件中定义的宏，嵌套调用 percpu_read() 函数读取 cpu_number 的值，cpu_number 在 openEuler 内核启动阶段被初始化，保存 CPU 核心序号。

```
#include <linux/smp.h>
#define smp_processor_id()          raw_smp_processor_id()
#define raw_smp_processor_id()      (percpu_read(cpu_number))
```

（5）在命令行中输入命令 vim Makefile，创建并编写 Makefile 文件，内容如下。

```
KERNAL_DIR ?= /lib/modules/$(shell uname -r)/build
PWD := $(shell pwd)
obj-m :=IPI_dev.o

modules:
    $(MAKE) -C $(KERNAL_DIR) M=$(PWD) modules
    make clear

clear:
    @ rm -f *.o *.cmd *.mod.c
    @ rm -rf *~ core .depend .tmp_versions
    @ rm -rf Module.symvers modules.order
    @ rm -f .*ko.cmd .*.o.cmd .*.o.d .*.mod.cmd *.mod
    @ rm -f *.unsigned

clean:
    rm *.ko -f
```

编写完成后保存并退出。

Makefile 文件主要用于编译内核模块代码，按照用户的需求生成各种目标文件。在上述 Makefile 文件中，第 1 行代码用来获取内核所在的路径并赋值给 KERNAL_DIR 变量，其中$(shell uname -r)代表在 shell 中执行 uname -r 命令的结果，该命令可以获取操作系统的版本号。第 2 行代码用来获取需要编译的模块源文件的绝对路径并赋值给 PWD 变量。第 3 行代码表示此模块将被编译为可加载模块，编译完成时将会在当前文件夹中生成 .ko 文件，可以使用 insmod 或 modprobe 指令将其加载到内核。modules:语句指定了模块源文件的编译规则，其中$(MAKE)相当于编译命令 make，-C 指定内核源码的位置，M=$(PWD)指定需要编译的模块源文件地址，modules 为可选选项，默认将源文件编译并生成内核模块。clean:语句制定了清空目标文件的规则。

（6）在命令行中输入命令 make 进行编译，编译过程的输出信息如图 8.7 所示。

```
[root@kunpeng ipi]# make
make -C /lib/modules/4.19.90-2003.4.0.0036.oe1.aarch64/build M
=/home/ipi modules
make[1]: Entering directory '/usr/src/kernels/4.19.90-2003.4.0
.0036.oe1.aarch64'
  CC [M]  /home/ipi/IPI_dev.o
  Building modules, stage 2.
  MODPOST 1 modules
  CC      /home/ipi/IPI_dev.mod.o
  LD [M]  /home/ipi/IPI_dev.ko
make[1]: Leaving directory '/usr/src/kernels/4.19.90-2003.4.0.
0036.oe1.aarch64'
make clear
make[1]: Entering directory '/home/ipi'
make[1]: Leaving directory '/home/ipi'
```

图 8.7　编译结果

（7）接下来编写用户空间的测试程序，打开任务调度器设备，并控制它将特定的任务 smp_print_id()分派到其他核心上执行。输入命令 vim IPI_dev_test.c，创建并编写 IPI_dev_test.c 文件，内容如下。

```
#include <stdio.h>
#include <stdlib.h>
#include <sys/types.h>
#include <sys/stat.h>
#include <fcntl.h>
#include <unistd.h>
#include <sys/ioctl.h>
#define IPI_PRINT 0        // 定义设备控制命令宏

int main(int argc, const char * argv[])
{
    //打开核间任务调度器 IPI_dev
```

```
    int fd = open("/dev/IPI_dev", O_RDWR);
    // 若设备打开失败
    if (fd < 0)
    {
        // 打印错误提示信息
        perror("Open IPI_dev fail");
        // 程序退出
        exit(-1);
    }
    // 控制任务调度器开始工作，向其他核分派任务
    ioctl(fd, IPI_PRINT, 0);
    // 停止设备控制
    close(fd);
    return 0;
}
```

输入完成后保存并退出。

其中，main()函数执行后，首先打开注册的IPI_dev设备，之后通过ioctl()函数调用调度器中的IPI_dev_ioctl()函数，执行smp_task()函数，其功能为首先向所有内核发起核间中断请求，然后向除自身之外的其他所有核发起核间中断请求。这两次核间中断的响应过程为对应核调用smp_print_id()函数，打印自己的CPU序号。

(8) 在命令行中输入命令gcc IPI_dev_test.c -o IPI_dev_test编译测试程序源文件，编译完成后输入命令insmod IPI_dev.ko将模块装载进内核，输入命令./IPI_dev_test执行测试程序。

(9) 在命令行中输入命令dmesg，打印内核缓冲区内容，打印结果如图8.8所示。将驱动装载进内核之后，自动执行IPI_dev.c中的IPI_dev_init()函数，完成驱动初始化工作，在内核缓冲区输出"Init"。测试程序执行时，首先打开IPI_dev设备，设备打开成功，在内核缓冲区输出"Open successfully"，然后控制设备开始执行smp_task()函数，进行任务调度。在smp_task()函数中，首先打印内核消息"Smp_task starts, current cpu_id:"和当前的CPU核序号0，随后使用操作系统提供的核间中断接口on_each_cpu()向所有核发起中断请求，响应请求的CPU核执行smp_print_id()函数，打印出图中的第4行消息"Current cpu_id: 1"和第5行消息"Current cpu_id: 0"，响应过程结束后打印"Finish on each cpu."消息。

```
Init
Open successfully
Smp_task starts, current cpu_id: 0
Current cpu_id: 1
Current cpu_id: 0
Finish on each cpu.
Current cpu_id: 1
Finish on other cpu.
```

图8.8 内核消息输出

接下来调用 smp_call_function() 接口，向除当前 CPU 核外的其他所有核发起中断请求。响应请求的 CPU 核执行 smp_print_id() 函数，打印出图中的第 7 行消息“Current cpu_id：1”，响应过程结束后打印“Finish on other cpu.”消息。实验结果符合预期。

(10) 在命令行中输入命令 rmmod IPI_dev.ko，卸载装载到内核的 IPI_dev.ko 模块，模块卸载时会自动执行 IPI_dev_exit() 函数，注销设备，释放占用的资源。

8.5 思考题

此实验中，通过核间任务调度器向其他核心分派的任务为简单的内核消息打印任务，在实际的应用场景中，用户程序需要向调度器传递参数，并且需要调度器将较为复杂且耗时的计算任务分派至其他核，以提升硬件资源利用效率。

要求：参考本实验案例的核间调度器实现，编写新的调度器内核程序，实现：调度器获取应用程序传递的整型参数，向其他核发送 IPI_CALL_FUNC 中断，控制其他核计算应用程序传递的参数的平方，最后调度器将计算结果传回应用程序。

第 9 章　鲲鹏处理器 Cache 估测

9.1　实验目的

通过编程对鲲鹏处理器 L1 Cache 与 L2 Cache 的容量以及 Cache line 的长度进行估测，深入掌握鲲鹏处理器 Cache 的结构与特性。

9.2　实验环境

本实验的软硬件环境如下：

- 硬件环境：具备网络连接的个人计算机、华为鲲鹏云服务器；
- 软件环境：openEuler 操作系统、g++编译器。

9.3　实验原理

本节分为 3 个部分：第一部分介绍高速缓冲存储器 Cache 的工作原理；第二部分以鲲鹏处理器为例，介绍鲲鹏处理器 Cache 结构；第三部分介绍一种 Cache 容量估测方法和 Cache line 长度估测方法。

9.3.1　Cache 工作原理

高速缓冲存储器，即 Cache，是现代计算机系统发挥高性能的重要因素之一，Cache 在计算机存储系统的层次结构中，位于 CPU 内核与主存之间，能够有效解决主存读取速度远远慢于 CPU 运行速度的问题，大大减少了 CPU 等待数据的时间。

Cache 技术的理论基础是程序访问的局部性原理，通过把 CPU 即将访问的指令或数据提前放入 Cache，绝大多数情况下，将 CPU 对低速内存的访问转化为对高速 Cache 的访问，能大大提高程序的执行速度。

程序访问的局部性原理包括时间局部性原理和空间局部性原理。时间局部性原理是指一旦某条指令被执行，那么它在不久的将来极有可能再次被执行。时间局部性产生的一个重要原因是程序中含有大量的循环操作。空间局部性原理是指如果某个内存位置被访问，那么 CPU 未来极有可能访问该内存位置附近的区域。空间局部性产生的主要原因与指令的顺序存放和顺序执行相关，同时数组等数据通常也在内存中连续存放。

Cache 与主存的映射方式有 3 种：直接映像、全相联映像和组相联映像。直接映像中，某一主存块只能映射到唯一缓存块，直接映像方式简单，但是不够灵活，容易导致块冲突。全相联映像中，某一主存块可映射到任一缓存块，全相联映像方式最灵活，不易冲突，但采用相联存储器，成本较高。组相联映像中，某一主存块可映射到某一组中的任一缓存块，这种映像方式兼顾了灵活性和成本。

9.3.2　Cache 访问策略

1. Cache 结构

图 9.1 为鲲鹏处理器片上存储系统组成示意图。鲲鹏处理器内各模块采用环状总线连接，图 9.1 只显示了环状总线的一部分。

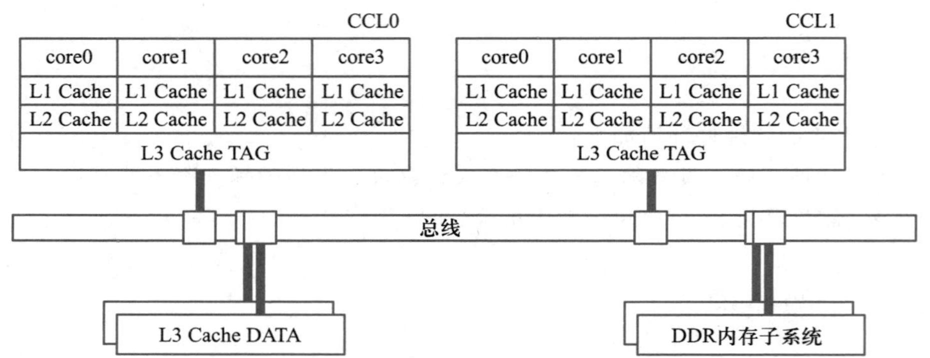

图 9.1　鲲鹏处理器片上存储系统组成

CCL(core cluster)代表内核集群，每个内核集群包含了 4 个 TaiShan V110 内核以及各内核私有的 L1 Cache 和 L2 Cache。其中，L1 Cache 又分为指令缓存(L1 I-Cache)和数据缓存(L1 D-Cache)，二者容量均为 64 KB；L2 Cache 容量为 512 KB；L3 Cache 为各内核共享，平均每核为 1 MB。L1 Cache 与 L2 Cache 的 Cache line 长度均为 64 字节，L3 Cache line 的长度固定为 128 字节。

L3 Cache 在物理上被分为两部分：L3 Cache TAG 和 L3 Cache DATA。L3 Cache TAG 集成在每个内核集群中，L3 Cache DATA 则直接连接片上总线。内核通过总线连接 L3 Cache 数据部分和 DDR 内存子系统，后者主要包括 DDR 内存以及相应的内存管理模块。

L3 Cache 在映射方式上采用组相联结构，固定使用写回策略，支持随机替换、动态重引用区间预测和伪最近最少使用 3 种替换算法。L3 Cache DATA 是有分区的，分区离内核集群越近，该内核集群的内核访问该分区 L3 Cache 时的延迟越低。因此虽然多个内核集群共享 L3 Cache，但各个核的访问时延会有细微差别。

以下几种典型路径按访问耗时由少到多排序为：

① 访问内核私有的 L1 Cache；

② 访问内核私有的 L2 Cache；

③ 访问同一超级内核集群内部的共享 L3 Cache DATA；

④ 访问同一芯片上其他超级内核集群内部的共享 L3 Cache DATA；

⑤ 访问片外 DDR 存储器；

⑥ 访问其他芯片上某超级内核集群内部的共享 L3 Cache DATA。

2. 多级 Cache 访问流程

下面介绍鲲鹏处理器 Cache 的访问流程。

以 4 个经典内存访问场景为例，对鲲鹏处理器三级 Cache 的访问过程进行演示，图 9.2 为鲲鹏处理器 Cache-内存系统的简化图。

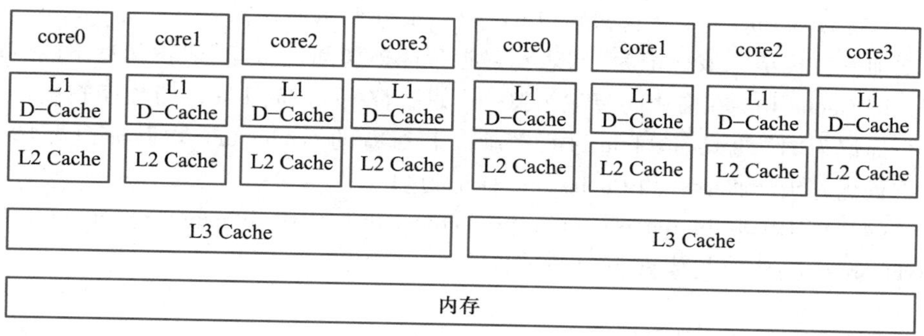

图 9.2　鲲鹏处理器内存系统简化图

（1）场景一：第一次访问内存地址 A，数据存于内存中。

查询 L1 D-Cache，数据未命中；

查询 L2 Cache，数据未命中；

查询 L3 Cache，数据未命中；

读取内存，同时将数据复制到 L1 D-Cache 和 L2 Cache 中。

（2）场景二：基于场景一，CPU 内核继续访问地址 A。

查询 L1 D-Cache，数据命中，直接获取到数据。

（3）场景三：基于场景一，由于 CPU 内核访问其他地址，发生了 Cache 替换，L1 D-Cache 中的 A 数据被替换。

查询 L1 D-Cache，数据未命中；

查询 L2 Cache，数据命中，同时将数据复制到 L1 D-Cache 中。

（4）场景四：L1 D-Cache 与 L2 Cache 中的数据均已被替换。

查询 L1 D-Cache，数据未命中；

查询 L2 Cache，数据未命中；

查询 L3 Cache，数据命中。

在场景一中，是否将内存数据同时复制到 L1 D-Cache 和 L2 Cache 中取决于芯片实现，同理，L2 Cache 与 L3 Cache 之间也存在这样的策略。

多级 Cache 的包含策略主要有两种：Exclusive 和 Inclusive。以 L1 Cache 和 L2 Cache 两级 Cache 为例，Exclusive 指 L1 Cache 中的内容不能包含在 L2 Cache 中，Inclusive 指 L1 Cache 中的内容要严格包含在 L2 Cache 中。Exclusive 策略中，L2 Cache 中无须复制 L1 Cache 中的内容，相较于 Inclusive 策略节省了空间。如果数据在 L1 Cache 中未命中，在 L2 Cache 中命中，Exclusive 策略就需要把 L2 Cache 中命中的那条 Cache line 与 L1 Cache 中的一条 Cache line 进行交换，这相较于 Inclusive 策略的直接复制更加麻烦。

对于场景三中发生的 Cache 替换，常见的 Cache 替换算法有如下几种。

(1) Random：随机选择一条 Cache line 进行替换。

(2) LRU(least recently used)：根据各 Cache line 使用的情况，总是选择最长时间未被使用的 Cache line 进行替换。

(3) NRU(not recent used)：LRU 的一个近似策略，需要在每个 Cache line 中增加一位标记，该标记为“0”表示最近可能被访问，为“1”表示最近不能被访问，即 Cache line 在命中时标记为“0”，如需替换 Cache line，则顺序扫描，与首个标记为“1”的 Cache line 进行替换。若所有的 Cache line 均已标记为“0”，则重置优先级，将所有的 Cache line 标记为“1”。

(4) RRIP(re-reference interval prediction)和 DRRIP(dynamic re-reference interval prediction)等其他算法。

9.3.3　Cache 容量估测

本小节分别介绍 L1 Cache 和 L2 Cache 容量的估测原理以及 Cache line 长度的估测原理。

1. L1 Cache 和 L2 Cache 容量估测

程序从存储器中读数据的速度称为读吞吐量或读带宽。时间局部性和空间局部性越好的程序对存储器层次结构的利用效率越高，访问速率越快。其中，时间局部性是指在相对较短的时间内重复访问特定数据或代码，空间局部性是指在相对较近的存储位置内重复访问特定数据或代码。通过编写存储器测试程序，按照一定规律重复访问存储器，并计算每次测试下的读带宽，分别以控制时间局部性和空间局部性的变量为 x 轴和 y 轴，以读带宽为 z 轴，得到一个形似小山的三维图形，即存储器山。本实验利用处理器存储器山的特性，通过编写 C++程序测量不同长度的数据块对应的读吞吐量，获得存储器山的近似切面图。根据读吞吐量与数据块长度的关系估测出 L1 Cache、L2 Cache 和 L3 Cache 的容量，最终通过控制台命令查看鲲鹏处理器 L1 Cache 和 L2 Cache 的真实容量，与估测值进行对比。

当数据块长度小于 Cache 容量时，数据块能够被完整地放入 Cache，此时访问的读吞吐量最大。逐渐增大数据块直至数据块长度超过 Cache 容量，数据未命中的概率增加，此时会出现读吞吐量的下降。

L1 Cache 和 L2 Cache 容量估测程序的流程如图 9.3 所示。

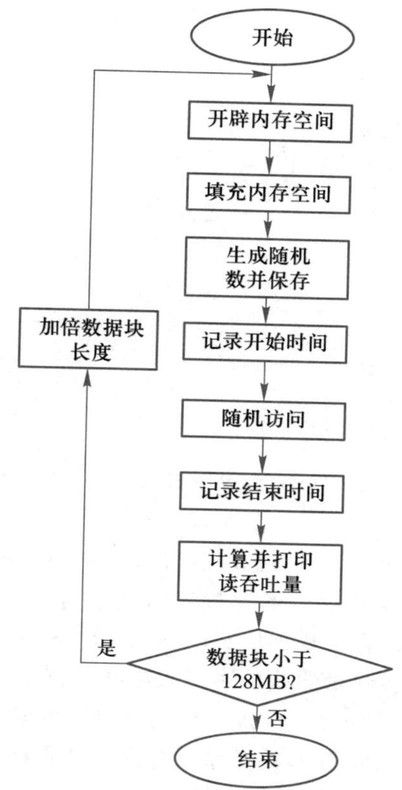

图 9.3 L1 Cache 和 L2 Cache 容量估测流程

设置数据块长度 size 的初始值为 4KB，开辟长度为 size 的连续内存空间，将这片连续内存空间用 1 填充。接下来随机生成一亿个大小为 0 至 size-1 的随机数，并将随机数以向量的形式存储。向量是一种在 C++中常用的数据结构，相比数组具有长度可变、调试便捷、可存储多元对象等优点。在开始访问之前记录开始时间，通过累加求和对该片内存空间进行一亿次有效访问，每次访问的位置从存放随机数的向量中获取，在访问结束时记录结束时间。接下来利用数据块长度 size 除以访问总耗时计算并打印读吞吐量。将 size 翻倍，开辟长度为 size 的内存空间，重复上述过程计算当前 size 对应的读吞吐量，直至 size 等于 128 MB。

随着数据块长度的倍增，读吞吐量应逐渐减少，但读吞吐量减少的速率变化是有一定规律的。对实验结果进行预测，绘制读吞吐量随数据块长度变化的曲线，横坐标为数据块长度，纵坐标为读吞吐量，如图 9.4 所示。

初始时数据块长度小于 L1 Cache 长度，因此每次访问都能在 L1 Cache 中命中，读吞吐量变化曲线在初始时趋于平稳。

数据块长度继续倍增，当数据块长度刚好达到 L1 Cache 长度时，继续加倍数据块长度就会造成数据在 L1 Cache 中未命中，致使数据一半在 L1 Cache 中命中，一半在 L2 Cache 中命中。因此在数据块长度等于 L1 Cache 长度时，读

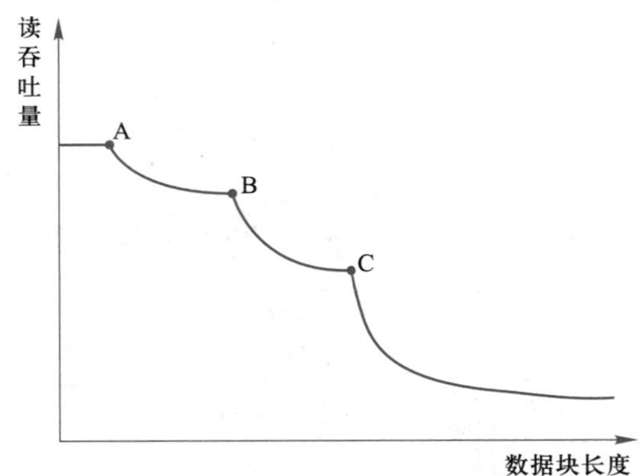

图 9.4　读吞吐量随数据块长度变化预测图

吞吐量曲线会发生一次剧降，对应图 9.4 中的 A 点，A 点对应的数据块长度即为 L1 Cache 的预估长度。

随着数据块长度的翻倍，当数据块长度大于 L1 Cache 容量但小于 L2 Cache 容量时，数据在 L1 Cache 中命中的比例逐渐减小为 1/2、1/4、1/8、1/16，曲线的下降速度逐渐减慢，直至数据块长度达到 L2 Cache 的容量。此时继续加倍数据块长度就会产生读吞吐量曲线的第二次剧降，图 9.4 中 B 点对应的数据块长度即为 L2 Cache 的预估长度。同理，C 点对应的数据块长度应为 L3 Cache 的预估长度，但由于 L3 Cache 为多核共享，存在其他程序占用的情况，因此本实验只对 L1 Cache 与 L2 Cache 的长度进行估测。

本实验的关键点如下：

① 随机访问的次数越多越好，本实验设为一亿次；

② 计时操作时要使用 high_resolution_clock 的高精度时钟；

③ 后台程序应尽可能少，以减少内存抢占；

④ rand()产生随机数的最大范围为 0~65 535。当数据块过大时，随机数的范围不能覆盖全部数据块，因此本实验使用基于梅森旋转算法的伪随机数生成器 mt19937 进行随机数的生成，mt19937 可生成 32 位长度的随机数，它的数据范围能覆盖到整型的最大值；

⑤ 随机数生成的耗时远大于内存访问，因此需要在计时之前将随机数生成完毕。思路是先将随机数存入向量，在之后读取时直接从向量中取随机数作为数组下标即可。

2. Cache line 长度估测

Cache line 长度的估测需要不断改变步长，步长即每次访问的地址间隔。

Cache line 长度估测程序的流程如图 9.5 所示。

首先开辟 200MB 的连续内存空间，并对该片内存空间进行填充。初始步长 stride 为 1，记录访问开始时间，对该片内存空间以 stride 步长进行顺序访问，访问结束时记录结束时间，计算并打印当前步长对应的读吞吐量。若步长小于 512 字节，则加倍步长并重复上述操作，得到不同步长对应的读吞吐量。为了

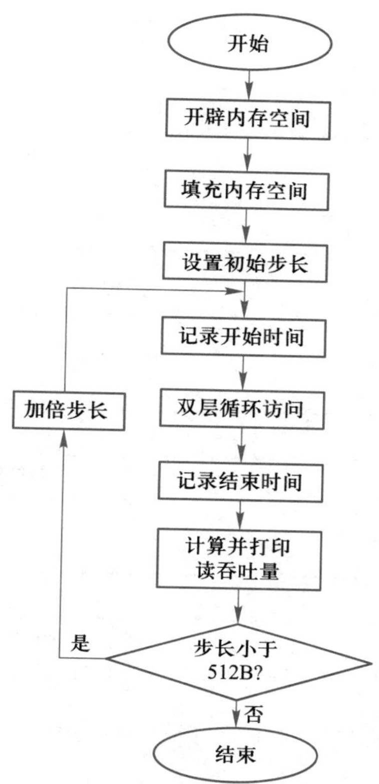

图 9.5 Cache line 长度估测流程图

使不同步长访问的数据总量保持一致，在访问时需循环 stride 次。

Cache line 估测实验的数据分析如图 9.6 所示。假定 Cache line 长度为 16 字节。步长为 1 访问时，平均每 16 次访问需要取 1 条 Cache line；步长为 2 访问时，平均每 16 次访问需要取 2 条 Cache line；步长为 4 访问时，平均每 16 次访问需要取 4 条 Cache line……以此类推，步长为 16 时，平均每 16 次访问需要取 16 条 Cache line，此时步长与 Cache line 长度相同。继续加倍步长，循环次数翻倍，但平均每 16 次访问依然需要取 16 条 Cache line，这就为 Cache line 长度的预测提供了依据。

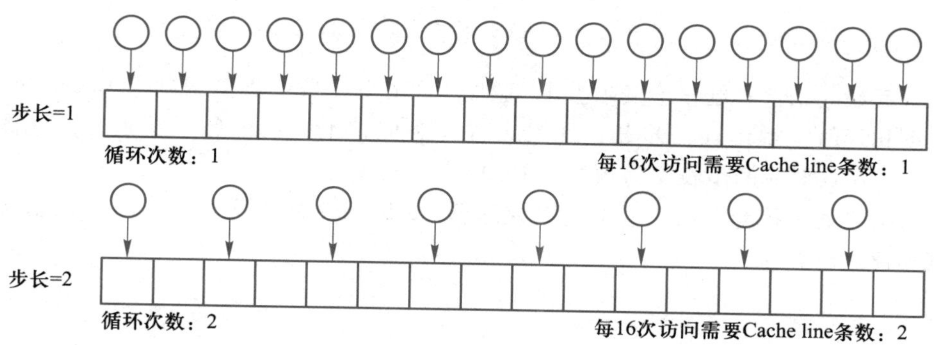

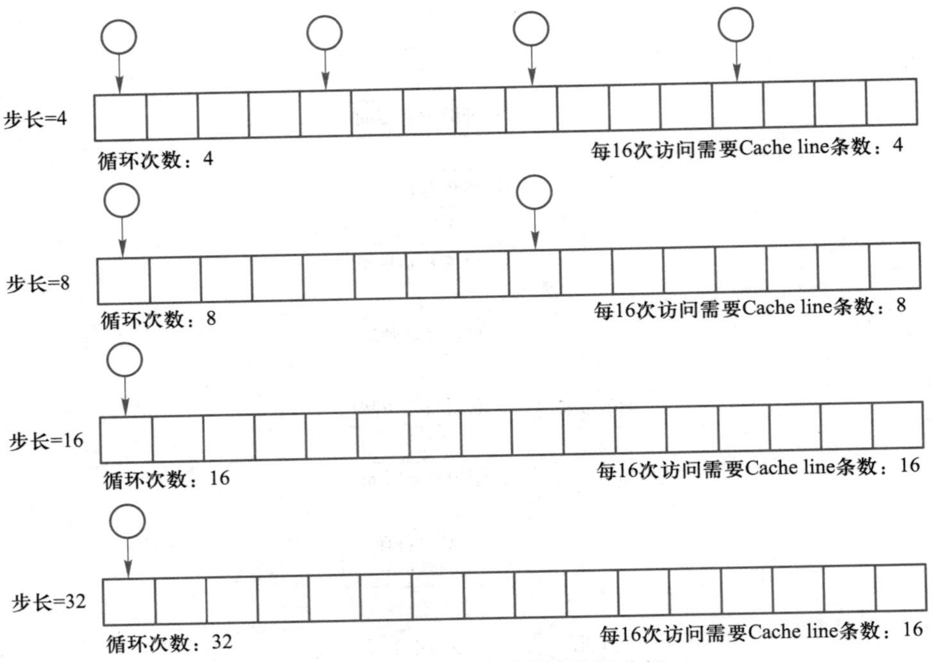

图 9.6　Cache line 估测实验数据分析

根据程序运行结果绘制读吞吐量与步长关系图，图 9.7 为 Cache line 估测实验数据预测。

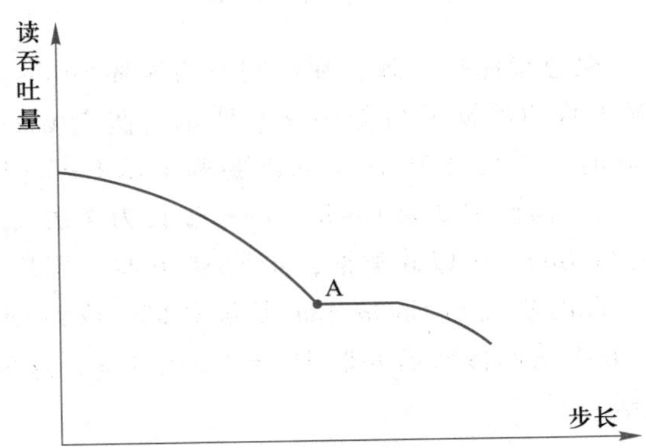

图 9.7　Cache line 估测实验数据预测

起始时，读吞吐量应随着步长的加倍而减小。当步长倍增到与 Cache line 长度相等时，继续加倍步长，此次读吞吐量应与上一次的结果接近，因此图 9.7 中 A 点对应的步长即为预测的 Cache line 长度。

最终通过控制台命令查询鲲鹏处理器 Cache line 的真实长度，将估测值与真实值进行对比。

9.4 实验任务

本实验的任务共有两个：

（1）编写程序，估测鲲鹏处理器 L1 Cache 和 L2 Cache 的容量；

（2）编写程序，估测鲲鹏处理器 L1 Cache 和 L2 Cache 的 Cache line 长度。

9.4.1 L1 Cache 和 L2 Cache 容量估测

本小节通过编程，估测鲲鹏处理器 L1 Cache 和 L2 Cache 的容量，操作步骤如下。

（1）登录华为鲲鹏云服务器，进入控制台，如图 9.8 所示。

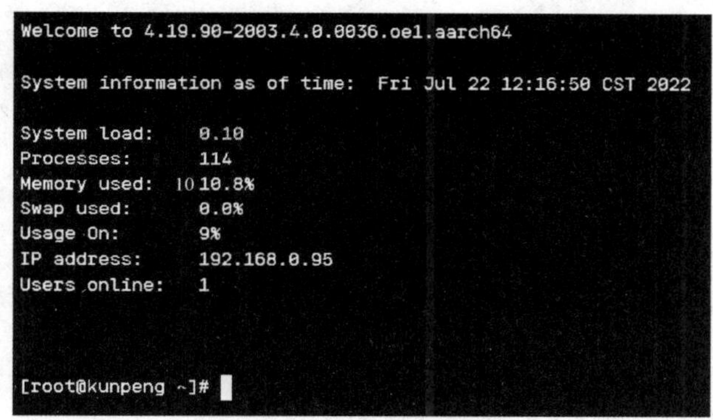

Welcome to 4.19.90-2003.4.0.0036.oe1.aarch64
System information as of time: Fri Jul 22 12:16:50 CST 2022
System load: 0.10
Processes: 114
Memory used: 10.8%
Swap used: 0.0%
Usage On: 9%
IP address: 192.168.0.95
Users online: 1
[root@kunpeng ~]#

图 9.8 华为鲲鹏云服务器控制台

（2）在命令行中输入命令 cd /home，进入到“home”目录下。

（3）在命令行中输入命令 mkdir cachesize、cd cachesize，创建并进入“cachesize”文件夹。

（4）在命令行中输入命令 vim cachesize.C，创建并编写 C++文件，内容如下。

```
#include <iostream>
#include <chrono>                          // 时间相关头文件
#include <random>                          // 随机数相关头文件
#define KB 1024                            // 定义 KB 为 1024
#define MB 1048576                         // 定义 MB 为 1048576
#define read_time 100000000                // 定义随机读取次数为一亿次
using namespace std;
using std:: chrono:: high_resolution_clock; // 调用高精度时钟
using std:: chrono:: duration;             // 表示时间间隔的类模板
using std:: chrono:: duration_cast;        // 间隔类型转换的模板函数
random_device rd;                          // 获取随机数生成器的种子
```

```
mt19937 gen(rd()); // 随机数生成器
void read_speed(int size)
{
    int n=size;
    char *buffer=new char[n];                  // 开辟内存空间
    // 将 size 长度的内存全部填充为 1
    fill(buffer, buffer+n, 1);
    // 用于生成 0 到 size-1 之间均匀分布的随机数
    uniform_int_distribution<> dis(0, n-1);
    // 使用向量来存放随机地址
    vector <int> random_index;
    for (int i=0; i < read_time; i++)          // 随机地址数量
    {
        int index=dis(gen);                    // 获得随机数
        random_index.push_back(index);         // 将随机数存入向量
    }
    // 累加求和以实现有效读取
    int sum=0;
    high_resolution_clock:: time_point t1, t2;
    // 记录访问开始时间
    t1=high_resolution_clock:: now();
    for (int i=0; i < read_time; i++)
    {
        // 每次读取的数组下标是向量中已经生成的随机数
        sum+=buffer[random_index[i]];
    }
    // 记录访问结束时间
    t2=high_resolution_clock:: now();
    // 计算时间差
    duration<double> time_span
                  =duration_cast<duration<double>>(t2 - t1);
    // 取出时间差作为 read_time 次随机读取的总时间
    double dt=time_span.count();
    if (size < 1048576)
    {
        // 输出 size 对应的读吞吐量
        cout << (size / 1024) << "KB " << "访问次数:" << sum;
        cout << " 读吞吐量" << (((double)sum / 1024.0) / dt) << endl;
    }
    else
```

```
        {
            // 输出 size 对应的读吞吐量
            cout << (size / 1048576) << "MB " << "访问次数:" << sum;
            cout << " 读吞吐量" << (((double)sum / 1024.0) / dt) << endl;
        }
        delete[] buffer;            // 释放内存空间
    }
    int main()
    {
        int size=2 * KB;
        // 不断为 size 赋值, 测试不同数据块长度对应的读吞吐量(4KB
        // 到 128MB)
        for (int i=0; i <16; i++)
        {
            size=size * 2;
            read_speed(size);
        }
        return 0;
    }
```

编写完成后保存并退出。

（5）参照 7.4.1 小节中的步骤为云服务器配置弹性公网 IP，配置完成后，在命令行中输入命令 yum install gcc-c++，安装 g++编译器。g++编译器安装完成后，建议将弹性公网 IP 释放，以便减少开销。

（6）在命令行中输入命令 g++ cachesize. C -o cachesize，编译 C++文件。

（7）在命令行中输入命令 ./cachesize，运行估测程序，如图 9.9 所示。

```
[root@kunpeng cachesize]# g++ cachesize.C -o cachesize
[root@kunpeng cachesize]# ./cachesize
4KB    访问次数: 100000000  读吞吐量214772
8KB    访问次数: 100000000  读吞吐量212660
16KB   访问次数: 100000000  读吞吐量215067
32KB   访问次数: 100000000  读吞吐量216811
64KB   访问次数: 100000000  读吞吐量220748
128KB  访问次数: 100000000  读吞吐量209921
256KB  访问次数: 100000000  读吞吐量203078
512KB  访问次数: 100000000  读吞吐量184709
1MB    访问次数: 100000000  读吞吐量93083.9
2MB    访问次数: 100000000  读吞吐量67185.8
4MB    访问次数: 100000000  读吞吐量57779.4
8MB    访问次数: 100000000  读吞吐量45101.5
16MB   访问次数: 100000000  读吞吐量33447.3
32MB   访问次数: 100000000  读吞吐量24243.5
64MB   访问次数: 100000000  读吞吐量23137.4
128MB  访问次数: 100000000  读吞吐量22082
```

图 9.9　编译与运行

（8）将数据绘制成图表，如图 9.10 所示。观察图表中的变化估测三级

Cache 的容量。

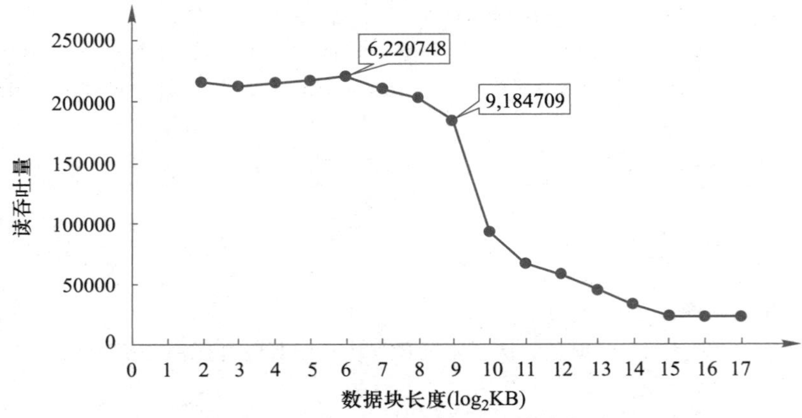

图 9.10　读吞吐量随数据块长度变化折线图

横坐标为数据块长度，纵坐标为读吞吐量。从图 9.10 中可以看出，读吞吐量的前两次“剧降”时的横坐标分别为 64 KB、512 KB。因此估测 L1 Cache 的长度为 64 KB，估测 L2 Cache 的长度为 512 KB。

（9）在命令行中输入命令 cat /sys/devices/system/cpu/cpu0/cache/index1/size，查看 L1 Cache 容量。

（10）在命令行中输入命令 cat /sys/devices/system/cpu/cpu0/cache/index2/size，查看 L2 Cache 容量。图 9.11 为 L1 Cache 和 L2 Cache 的实际容量。其中，L1 Cache 容量为 64 KB，L2 Cache 容量为 512 KB。

```
[root@kunpeng cachesize]# cat /sys/devices/system/cpu/cpu0/cache/index1/size
64K
[root@kunpeng cachesize]# cat /sys/devices/system/cpu/cpu0/cache/index2/size
512K
```

图 9.11　L1 Cache 与 L2 Cache 的实际容量

对比估测值与实际值，L1 Cache 与 L2 Cache 的容量估测准确。

9.4.2　Cache line 长度估测

本小节通过编程估测鲲鹏处理器 Cache line 的长度，操作步骤如下。

（1）登录华为鲲鹏云服务器，进入到控制台中。

（2）在命令行中输入命令 cd /home，进入到“home”目录下。

（3）在命令行中依次输入命令 mkdir cacheline、cd cacheline，创建并进入“cacheline”文件夹。

（4）在命令行中输入命令 vim cacheline.C，创建并编写 C++文件，内容如下。

```
#include <chrono>
#include <iostream>
```

```
#define KB 1024
#define MB 1048576
using namespace std;
using std:: chrono:: high_resolution_clock;   // 高精度时钟
using std:: chrono:: duration;                // 表示时间间隔的
                                              类模板
using std:: chrono:: duration_cast;
void stride_access(char * buffer, int stride)
{
    int n=200 * MB;
    int sum=0;
    // 记录开始时间
    high_resolution_clock:: time_point t1, t2;
    t1=high_resolution_clock:: now();
    // 双层循环保证访问总次数相同，步长不同
    for (int j=0; j < stride; j++)
    {
        for (int i=0; i < n; i+=stride)
        {
                sum+=buffer[i];                      // 进行有意义访存
        }
    }
    // 记录结束时间
    t2=high_resolution_clock:: now();
    // 记录时间差
    duration<double> time_span
                =duration_cast<duration<double>>(t2 - t1);
    double dt=time_span. count();
    cout << stride << " 访问次数:" << sum;
    cout << " 平均吞吐量:" << (((double)sum/1024.0)/dt) << endl;
}
int main()
{
    int size=200 * MB;                       // 设置数据块长度
    char *buffer=new char[size];             // 申请内存块
    fill(buffer, buffer+size, 1);            // 填充数据
    int stride=1;                            // 初始步长为 1
    for (; stride < 1024;)                   // 最大步长为 512
    {
        stride_access(buffer, stride);       // 调用读吞吐量计算函数
        stride=stride * 2;                   // 每次调用后步长翻倍
```

```
        }
        return 0;
    }
```

编写完成后保存并退出。

(5) 在命令行中输入命令 g++ cacheline. C -o cacheline，编译程序。

(6) 在命令行中输入命令 ./cacheline 执行程序，如图 9. 12 所示。

```
[root@irq cacheline]# g++ cacheline.C -o cacheline
[root@irq cacheline]# ./cacheline
1 访问次数:209/15200  平均吞吐量:224659
2 访问次数:209/15200  平均吞吐量:230852
4 访问次数:209/15200  平均吞吐量:239713
8 访问次数:209/15200  平均吞吐量:222956
16 访问次数:209/15200  平均吞吐量:195944
32 访问次数:209/15200  平均吞吐量:158247
64 访问次数:209/15200  平均吞吐量:116057
128 访问次数:209/15200  平均吞吐量:115977
256 访问次数:209/15200  平均吞吐量:98682.1
512 访问次数:209/15200  平均吞吐量:65201.5
```

图 9. 12　编译运行 cacheline. C

(7) 根据程序执行结果绘制读吞吐量与访问步长关系图，如图 9. 13 所示，横坐标为访问步长，纵坐标为读吞吐量。根据实验原理中的分析，结合图 9. 13，步长从 64 字节加倍到 128 字节时，读吞吐量不变，因此估测 Cache line 长度为 64 字节。

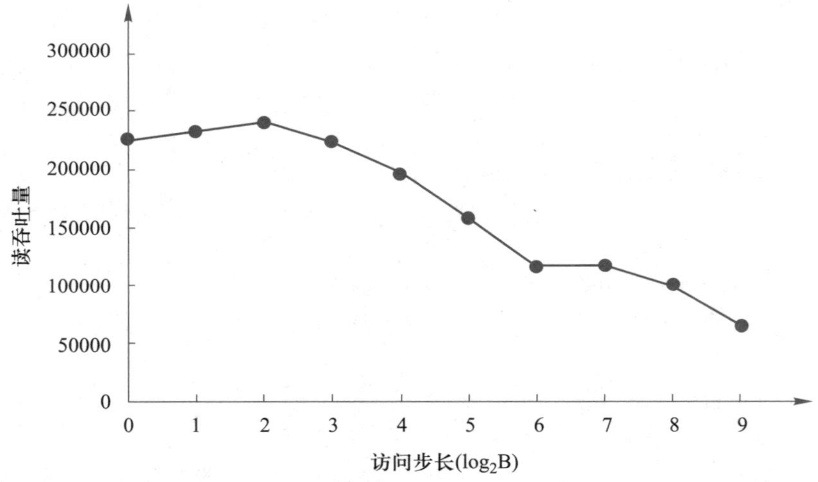

图 9. 13　读吞吐量与访问步长关系图

(8) 在命令行中输入命令 cat /sys/devices/system/cpu/cpu0/cache/index0/coherency_line_size，查看 L1 Cache 的 Cache line 长度，如图 9. 14 所示。

```
[root@kunpeng cacheline]# cat /sys/devices/system/cpu/cpu0/cache/
index0/coherency_line_size
64
```

图 9. 14　查看 Cache line 长度

对比估测值与实际值，二者均为 64 字节，Cache line 长度估测合理。

9.5 思考题

在 Cache line 长度估测实验的基础上，以长度为 64MB 的数据块为例，确定在该条件下，步长为多大时，读吞吐量最大。

注：实验步骤与部分代码已给出，需完成以下 3 个任务。

任务一：补充代码中的空白。

任务二：给出程序运行结果。

任务三：找到读吞吐量最大时对应的步长。

实验操作步骤如下。

(1) 登录华为鲲鹏云服务器，进入到控制台中。

(2) 在命令行中输入命令 cd /home，进入到“home”目录下。

(3) 在命令行中依次输入命令 mkdir cachespeed、cd cachespeed，创建并进入“cachespeed”文件夹。

(4) 在命令行中输入命令 vim cachespeed.C，创建并编写 C++文件，内容如下。

```
#include <chrono>
#include <iostream>
#define KB 1024
#define MB 1048576
using namespace std;
using std:: chrono:: high_resolution_clock;    // 高精度时钟
using std:: chrono:: duration;
// 表示时间间隔的类模板
using std:: chrono:: duration_cast;
void stride_access(char * buffer, int stride)
{
    int n=200 * MB;
    int sum=0;
    // 记录开始时间
    high_resolution_clock:: time_point t1, t2;
    t1=high_resolution_clock:: now();
    // 双层循环保证访问总次数相同，步长不同
    for (int j=0; j < stride; j++)
    {

        //任务一：填充代码

    }
```

```
    // 记录结束时间
    t2=high_resolution_clock:: now();
    // 记录时间差
    duration<double> time_span
                =duration_cast<duration<double>>(t2 - t1);
    double dt=time_span. count();
    cout << stride << " 访问次数:" << sum;
    cout <<" 平均吞吐量:" << (((double)sum/1024.0)/dt) << endl;
}
int main()
{
    int size=200 * MB;                          // 设置数据块长度
    char *buffer=new char[size];                // 申请内存块
    fill(buffer, buffer+size, 1);               // 填充数据
    int stride=1;                               // 初始步长为 1
    for (; stride < 1024;)                      // 最大步长为 512
    {
        stride_access(buffer, stride);          // 调用读吞吐量计算函数
        stride=stride * 2;                      // 每次调用后步长翻倍
    }
    return 0;
}
```

编写完成后保存并退出。

（5）在命令行中输入命令 g++ cachespeed. C -o cachespeed，编译 C++文件。

（6）在命令行中输入命令 ./cachespeed，运行估测程序，完成任务二：给出程序运行结果。

（7）根据程序运行结果，完成任务三：找到读吞吐量最大时对应的步长。

第 10 章　基于鲲鹏性能分析工具的程序优化

10.1　实验目的

使用鲲鹏开发套件中的性能分析工具 Hyper-Tuner 对矩阵乘法运算程序进行分析，根据优化建议对其进行优化，学会使用性能分析工具 Hyper-Tuner 对程序进行分析与调优。

10.2　实验环境

本实验的软硬件环境如下：

- 硬件环境：具备网络连接的个人计算机、华为鲲鹏云服务器；
- 软件环境：openEuler 操作系统、gcc 编译器、鲲鹏性能分析工具 Hyper-Tuner。

10.3　实验原理

本节分为 3 个部分：第一部分简要介绍鲲鹏性能分析工具 Hyper-Tuner 的四大功能，帮助用户总览该工具的主要用途；第二部分详细介绍 Hyper-Tuner 的具体应用场景，帮助用户快速了解该工具的适用范围；第三部分从逻辑模型入手，介绍 Hyper-Tuner 的实现原理，通过描述该工具内部各模块的功能和关联关系，展示该工具的运行模式，帮助用户更好地理解和运用该工具。

10.3.1　鲲鹏性能分析工具 Hyper-Tuner

鲲鹏性能分析工具 Hyper-Tuner 主要包含 4 个功能：系统性能分析、系统诊断、Java 性能分析以及调优助手。

系统性能分析功能适用于鲲鹏服务器，通过收集和分析处理器、操作系统、进程/线程、函数等各层次组件的性能数据，定位到造成瓶颈的问题点并给出优化方案。以进程/线程的性能分析为例，系统性能分析功能可以采集进程/线程对 CPU、内存、存储 I/O 等资源的消耗信息，获得对应的使用率、饱和度、错误次数等指标。在获取这些指标后，该功能会针对部分指标项，结合当前已有的基准值和优化经验为用户提供优化建议。另一类常见的任务是资源调度分析，在处理这类任务时，系统性能分析功能可用于分析 CPU 核在各个时间点的运行状态、进程/线程的运行状态、进程/线程的切换情况以及各个进程/线程在不同非一致性内存访问(NUMA)节点之间的切换次数。最后，在统合并分析这些指标项后给用户提供优化建议。

系统诊断功能同样基于鲲鹏服务器运行，在功能上侧重于分析内存泄漏、内存消耗、内存越界、网络丢包等问题，可以辅助用户提升程序的可靠性。内存泄漏诊断功能主要用于检测内存未释放、内存异常释放两类问题，分析后可得出具体的泄漏信息。内存消耗诊断功能通过跟踪应用程序运行期间在系统层、应用层、分配器层、内存映像层的内存消耗情况，经分析后给用户提供优化建议。内存越界诊断功能则是分析应用程序的内存异常访问点，给出异常访问类型和内存访问信息。而针对网络丢包问题，该功能通过系统工具统计整个协议栈中的丢包情况，从而找到丢包点，给出解决方案。

Java 性能分析功能用于图形化显示 Java 程序的堆、线程、锁、垃圾回收等信息，分析出问题点的位置，辅助用户进行程序优化。具体而言，该功能包含两种分析方式：在线分析和采样分析。在线分析包含对于目标 JVM 和 Java 程序的双重分析，可以在线显示 JVM 的运行数据和 Java 虚拟机系统状态。在线分析通过 Agent 的方式在线获取数据，可以进行精确分析。采样分析则是收集 JVM 的内部活动/性能事件，通过录制及回放的方式进行离线分析。采样分析主要适用于大型的 Java 程序，对系统的额外开销很小，对业务影响不大。

调优助手功能通过系统化组织和分析性能指标、热点函数、系统配置等信息，形成系统资源消耗链条，引导用户根据优化路径分析性能瓶颈，并针对每条优化路径给出优化建议和操作指导，以此实现快速调优。

10.3.2　Hyper-Tuner 应用场景

Hyper-Tuner 的应用基于鲲鹏服务器进行，当用户软件出现性能问题时，可以使用系统性能分析和系统诊断工具定位问题并进行分析。下面从系统性能分析功能、系统诊断功能、Java 性能分析功能 3 个方面详细介绍 Hyper-Tuner 的常见应用场景。这些功能在分析特定问题时，会收集计算机内的已有数据或主动采样相关信息，并基于此进行精确分析。

系统性能分析功能在进行分析时将采集如下数据：

(1) 系统软硬件配置和运行信息，例如 CPU 配置参数、GPU 配置参数、内核参数、系统运行日志参数等；

(2) 系统 CPU、GPU、内存、存储 I/O、磁盘 I/O 等性能指标；

(3) 处理器访问 Cache/内存的频率、带宽、吞吐率等；

(4) 系统内核进行 CPU 资源调动、I/O 操作时产生的数据；

(5) 进程命令行信息，包括进程名、进程参数；

（6）热点函数的归属程序/动态库、汇编指令、源代码（需要用户提供）。

系统诊断功能则更加偏向内存相关的问题检测，将采集如下数据：

（1）内存泄漏次数和大小、异常释放次数；

（2）调用栈的信息、物理内存信息、虚拟内存信息、内存映射信息；

（3）应用申请、释放、泄漏内存的情况；

（4）分配器的分配内存、空闲内存、使用内存等信息；

（5）系统软硬件配置的性能指标、系统运行信息、处理器性能数据、系统内核调度数据、进程/线程运行数据、热点函数相关数据。

Java 性能分析功能主要解决用户的 Java 应用软件遇到的性能问题，可以用其定位问题和进行分析，将采集如下数据：

（1）Java 进程运行环境信息，如 PID、JVM、JAVA、Main class 等；

（2）Java 进程的 CPU 活动、内存占用、线程运行状态、系统存储状态、堆转存信息等；

（3）Java 进程的文件 I/O 操作、数据库操作、HTTP 请求、SpringBoot 运行信息等；

（4）Java 进程的方法、线程、内存、老年代对象、调用的栈等。

10.3.3　Hyper-Tuner 实现原理

鲲鹏性能分析工具 Hyper-Tuner 只采集系统运行过程中的性能数据，不采集用户数据，不会造成用户信息泄露。该工具的逻辑模型如图 10.1 所示。

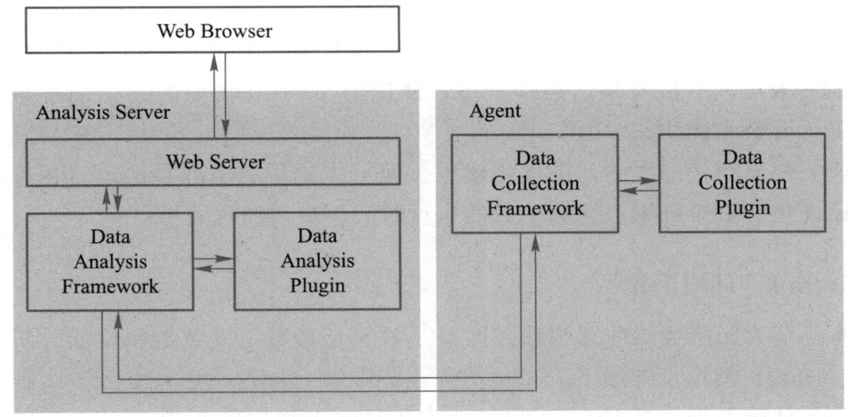

图 10.1　Hyper-Tuner 的逻辑模型

Hyper-Tuner 的功能实现部分主要由 Analysis Server 和 Agent 两个模块组成。用户所使用的 Web Browser 直接与 Analysis Server 模块进行交互，Web Browser 是指用户浏览的网页端，用于提供简洁的操作交互界面和直观的数据呈现。Analysis Server 用于实现性能数据分析及分析结果呈现，而 Agent 用于实现性能数据的采集。

Analysis Server 模块用于实现性能数据分析及分析结果的呈现，共包含 3 个子模块：Web Server、Data Analysis Framework 以及 Data Analysis Plugin。其中，Web Server 是指 Web 服务器，用于接收 Web 浏览器发送的请求，并触发 Data Analysis Framework 子模块进行具体的业务处理。Data Analysis Framework 是指数据分析框架，主要作用是通知 Data Collection Framework 子模块进行数据采集，并接收采集的数据文件。Data Analysis Framework 还可以调用相应的 Data Analysis Plugin 对数据文件进行入库和分析，并保存分析结果，从而为 Web 服务器提供分析结果的查询通道。Data Analysis Plugin 是指数据分析插件，不同的性能分析功能有对应的分析插件，主要作用是对数据文件进行预处理，并导入数据库中。Data Analysis Plugin 也能分析原始数据，得出更适合展示的数据格式及数据间的关联关系，并结合以往项目调优经验，给出优化建议，从而为用户提供性能分析结果查询接口。

Agent 模块包含两个子模块：Data Collection Framework 和 Data Collection Plugin。Data Collection Framework 是指数据采集框架，主要作用是接收 Data Analysis Framework 的采集信息通知，调用相应的 Data Collection Plugin 进行数据采集工作，并将采集到的数据文件推送给 Data Analysis Framework。Data Collection Plugin 是数据采集插件，不同性能的分析功能有对应的采集插件，主要作用是完成具体的性能数据采集，并将数据文件实时保存。

10.4　实验任务

本实验的任务共有 3 个：

（1）在云服务器上安装鲲鹏性能分析工具 Hyper-Tuner；

（2）编写标准矩阵乘法运算程序，使用 Hyper-Tuner 中的调优助手对原始程序进行分析和优化；

（3）根据调优助手给出的优化建议，编写优化后的矩阵乘法运算程序，通过对比优化前后矩阵乘法运算函数的执行时间，观察优化效果。

10.4.1　环境配置

本小节为云服务器配置弹性公网 IP，在云服务器上安装鲲鹏性能分析工具 Hyper-Tuner，操作步骤如下。

（1）性能分析工具 Hyper-Tuner 的安装与使用都需要使用公网 IP，因此需要为云服务器配置弹性公网 IP，参照 7.4.1 小节中的方法配置弹性公网 IP。配置成功后的 IP 地址如图 10.2 所示，本例中的弹性公网 IP 为 123.249.19.212。

IP地址
123.249.19.212 (弹性公网) 10 Mbit/s
192.168.0.166 (私有)

图 10.2　配置结果

本章实验完成后，建议将弹性公网 IP 释放，以便减少开销。

（2）从浏览器中进入鲲鹏社区官网，在上方的菜单栏中依次选择“开发者”“鲲鹏开发套件 DevKit”，进入鲲鹏开发套件 DevKit 首页，单击“查看文档”并在文档中找到性能分析工具的“安装”板块，依照文档中的操作步骤安装性能分析工具 Hyper-Tuner。

10.4.2 标准矩阵乘法

本小节编写标准矩阵乘法运算程序，计算未经优化的标准矩阵乘法的运算时间，并使用性能分析工具 Hyper-Tuner 的调优助手对标准矩阵乘法运算程序进行分析优化，操作步骤如下。

（1）登录华为鲲鹏云服务器，进入控制台。

（2）在命令行中输入命令 cd /home，进入到“home”目录下。

（3）在命令行中输入命令 mkdir Arraydemo、cd Arraydemo，创建并进入“Arraydemo”文件夹。

（4）在命令行中输入命令 vim arraydemo.c，创建并编写 arraydemo.c 文件，内容如下。

```
#include <stdio.h>
#include <stdlib.h>
#include <sys/time.h>
#include <time.h>
#define N 500                                    // 矩阵大小为 500×500
// 矩阵乘法运算函数
void MatrixMultiply(double a[][N], double b[][N],
                                                double c[][N])
{
    int i, j, k;
    for (i=0; i < N; i++)
    {
        for (j=0; j < N; j++)
        {
            for (k=0; k < N; k++)
            {
                c[i][j]+=a[i][k] * b[k][j];
            }
        }
    }
}
int main()
{
```

```
    double a[N][N];
    double b[N][N];
    double c[N][N]; // 结果矩阵
    int i, j;
    srand((unsigned)time(NULL));
    for (i=0; i < N; i++)
    {
        // 对矩阵 a、b 随机赋值，对矩阵 c 初始化
        for (j=0; j < N; j++)
        {
            a[i][j]=rand() %100;
            b[i][j]=rand() %100;
        }
    }
    struct timeval start={0, 0}, end={0, 0};
    // 记录开始时间
    gettimeofday(&start, NULL);
    // 进行矩阵乘法运算
    MatrixMultiply(a, b, c);
    // 记录结束时间
    gettimeofday(&end, NULL);
    long timeuse=1000000 * ( end.tv_sec-start.tv_sec )
                                  + end.tv_usec - start.tv_usec;
    // 输出矩阵乘法运算时间，单位为微秒
    printf("Time use:%ld us\n", timeuse);
    // 输出矩阵 a 和矩阵 b 的元素个数，均为 N^2
    printf("Total size: a:%d, b:%d\n", N * N, N * N);
    // 输出加法和乘法的总操作次数，为 2N^3
    printf("Total operators: %d\n", 2 * N * N * N);
    return 0;
}
```

编写完成后保存并退出。

（5）在命令行中输入命令 gcc arraydemo.c -o arraydemo，编译优化前的矩阵乘法运算程序。

（6）在命令行中输入命令 ./arraydemo，运行优化前的矩阵乘法运算程序，如图 10.3 所示。

图 10.3 中的程序运行结果显示，矩阵乘法运算函数的执行时间 Time use 为 976 530 μs，矩阵的元素总数 Total size 为 250 000，加法和乘法运算的总次数 Total operators 为 250 000 000 次。

（7）打开浏览器，在地址栏中输入网址 https://云服务器的公网 IP：端口

```
[root@kunpeng Arraydemo]# gcc arraydemo.c -o arraydemo
[root@kunpeng Arraydemo]# ./arraydemo
Time use:976530 us
Total size: a:250000, b:250000
Total operators: 250000000
[root@kunpeng Arraydemo]#
```

图 10.3　优化前程序执行结果

号，登录鲲鹏性能分析工具 Hyper-Tuner。若出现安全警告，则单击“高级”，选择“继续浏览”即可，如图 10.4 所示。本例中云服务器的公网 IP 为 123.249.19.212，端口号为 8086。

您的连接不是私密连接
攻击者可能会试图从 123.249.19.212 窃取您的信息（例如：密码、通信内容或信用卡信息）。了解详情
NET::ERR_CERT_AUTHORITY_INVALID
如果您想获得 Chrome 最高级别的安全保护，请开启增强型保护
高级
返回安全连接

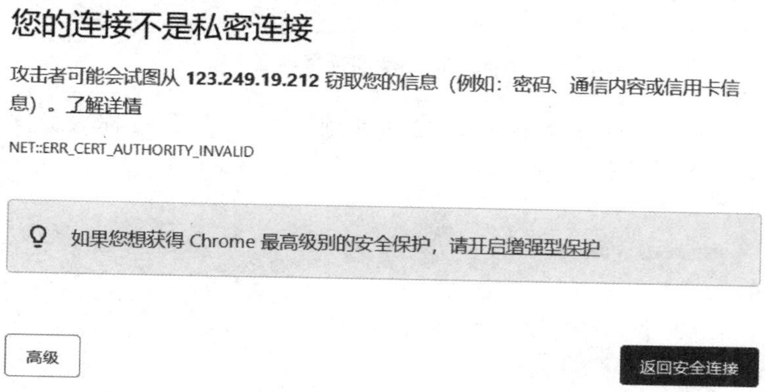

图 10.4　安全警告

（8）初次登录界面如图 10.5 所示。

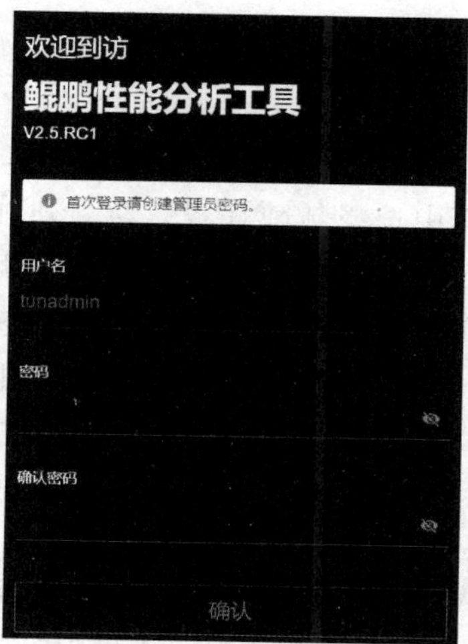

欢迎到访
鲲鹏性能分析工具
V2.5.RC1
首次登录请创建管理员密码。
用户名
tunadmin
密码
确认密码
确认

图 10.5　初次登录界面

管理员用户名默认为 tunadmin，密码在初次登录时自行设置，密码设置完成后单击“确认”。

（9）登录成功后的功能选择界面如图 10.6 所示，本小节选择“基础分析”中的“调优助手”。

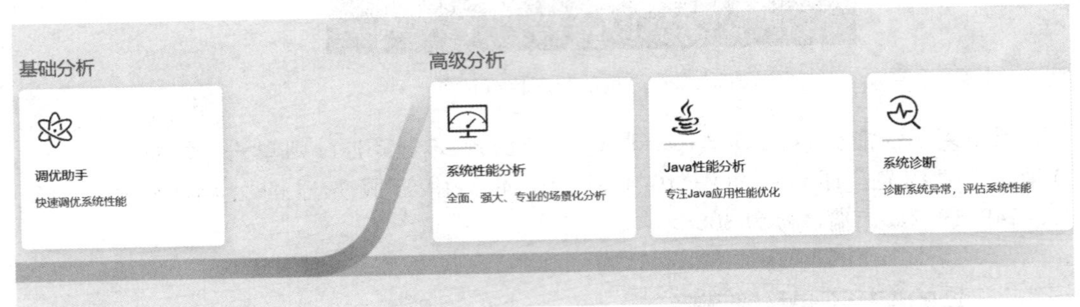

图 10.6　Hyper-Tuner 功能选择界面

（10）进入调优助手界面后，选择新建工程，工程名称设置为 Matrix_Multiply_demo，如图 10.7 所示。

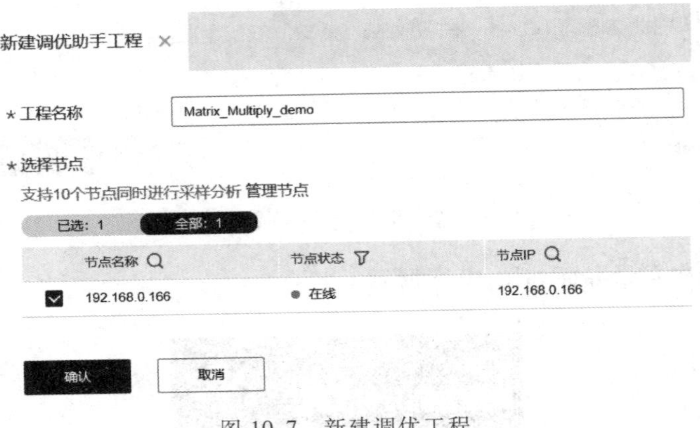

图 10.7　新建调优工程

（11）在工程管理界面中选择新建任务。在新建任务界面中设置任务名称为 Matrix_Multiply_demo，并将采样时长和采集文件使用默认值即可，上述参数可根据需要调整。如图 10.8 所示。其中，采样时长表示采集数据的时间长度，在采样时长达到设定阈值或数据量达到采集文件容量上限后生成调优报告。

（12）配置完成后，登录华为鲲鹏云服务器，进入到控制台中。

（13）在云服务器命令行中输入命令 cd /home/Arraydemo，进入“Arraydemo”文件夹。

（14）在命令行中输入命令 vim arraydemo.sh，编写 shell 脚本，脚本的功能是循环运行标准矩阵乘法运算程序 200 次，可以保证在采样期间，程序能保持运行，arraydemo.sh 脚本的内容如下。

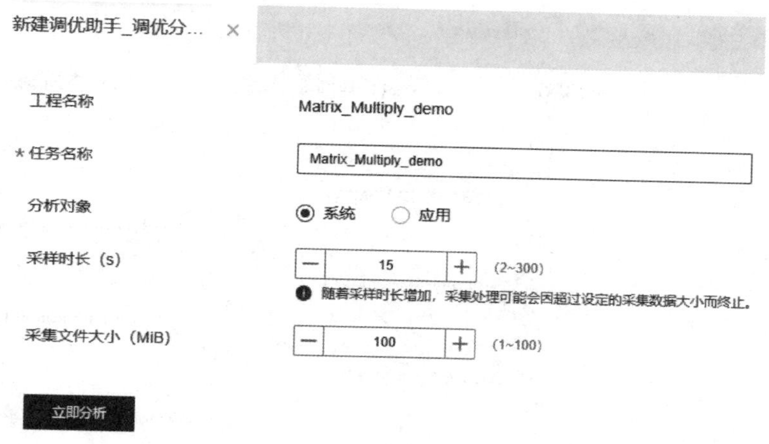

图 10.8　新建调优任务

```
#! /bin/bash
for i in {1..200};
do
    # 将标准矩阵乘法运算程序绑定在 CPU 核 1 上运行
    taskset-c 1 ./arraydemo;
done
```

编写完成后保存并退出。

（15）在命令行中输入命令 chmod 777 arraydemo.sh，修改脚本的执行权限，将权限修改为所有用户可读写可执行。修改完成后在命令行中输入指令 ls-lh，查看 Arraydemo 目录下所有文件的权限，如图 10.9 所示，rwx 分别代表读取、写入与执行。

```
[root@kunpeng1 home]# cd Arraydemo
[root@kunpeng1 Arraydemo]# ls -lh
total 24K
-rwx------ 1 root root  70K Aug 22 20:23 arraydemo
-rw------- 1 root root 1.3K Aug 22 20:23 arraydemo.c
-rwxrwxrwx 1 root root  138 Aug 22 20:24 arraydemo.sh
```

图 10.9　文件权限修改

（16）在命令行中输入命令 ./arraydemo.sh，执行脚本。

（17）回到 Hyper-Tuner 调优助手界面，单击“立即分析”，分析完成后出现调优建议界面，如图 10.10 所示。

单击“系统性能”，在 CPU 指标下拉列表中选择“%user”，显示 CPU 运行用户程序的时间占比，如图 10.11 所示。

（18）调优报告界面的右侧给出了 CPU 运行用户程序的时间占比，如图 10.12 所示。可以看出由于绑定了 CPU 核 1 执行标准矩阵乘法运算程序，CPU 核 1 的使用率高达 98.07%。

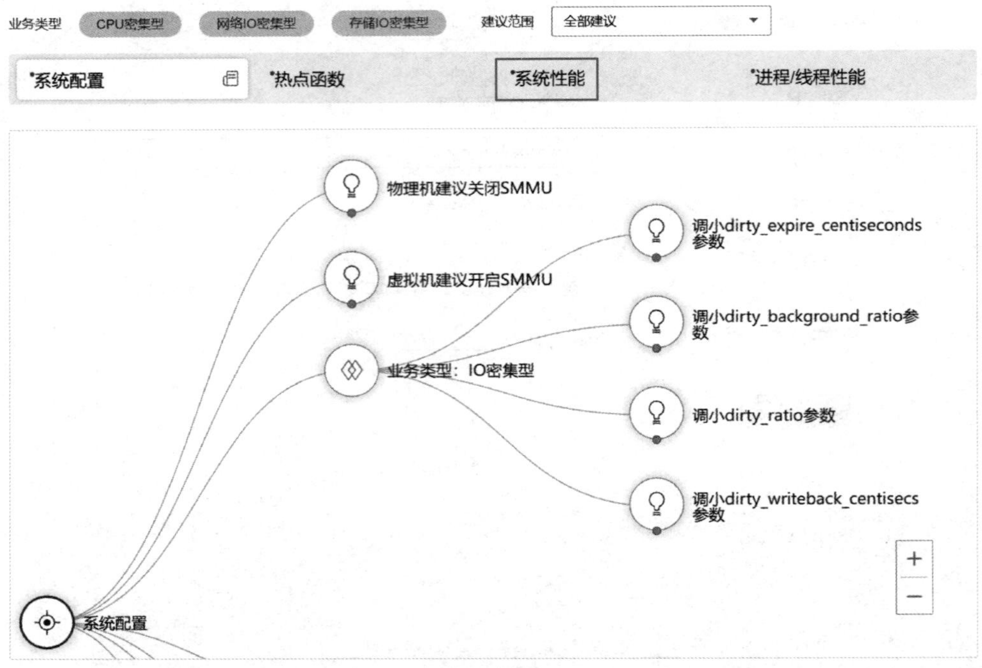

图 10.10　调优建议界面

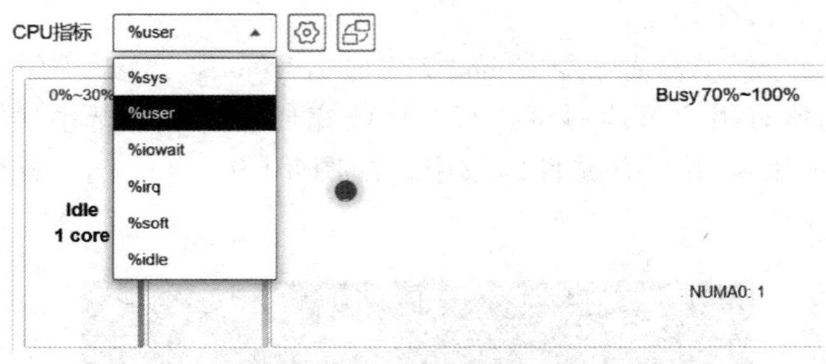

图 10.11　CPU 指标修改

%user Busy

阈值设置 | 详情

CPU指标

CPU核	%user	%nice	%sys
0	23.82	0	30.18
1	98.07	0	1.2

图 10.12　CPU 使用率查看

(19) 在调优助手界面下方给出了影响 CPU 性能的相关因素，如图 10.13 所示。选择“开启 CPU Prefetching”，在调优界面右侧会出现该指标的说明以及优化建议，如图 10.14 所示。

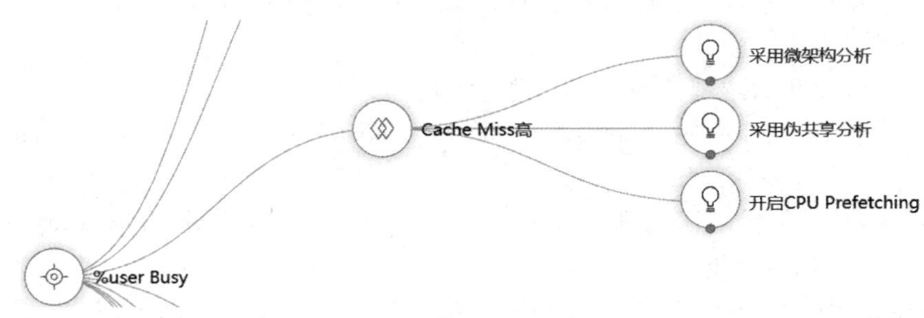

图 10.13 优化建议

指标说明

局部性原理分为时间局部性原理和空间局部性原理：
·时间局部性原理（temporal locality）：如果某个数据项被访问，那么在不久的将来它可能再次被访问。
·空间局部性原理（spatial locality）：如果某个数据项被访问，那么与其地址相邻的数据项可能很快也会被访问。
CPU将内存中的数据读到CPU的高速缓冲Cache时，会根据局部性原理，除了读取本次要访问的数据，还会预取本次数据的周边数据到Cache中，如果预取的数据是下次要访问的数据，那么性能会提升，如果预取的数据不是下次要取的数据，那么会浪费内存带宽。
对于数据比较集中的场景，预取的命中率高，适合打开CPU预取，反之需要关闭CPU预取。目前发现speccpu和X265软件场景适合打开CPU预取，STREAM测试工具、Nginx和数据库场景需要关闭CPU预取。

图 10.14 指标说明

同时，调优助手也给出了优化建议以及优化指导，如图 10.15 所示。

优化建议

开启CPU Prefetching

优化指导

修改方法：
1.服务器重启，进入BIOS，依次选择Advanced > MISC Config > CPU Prefetching Configuration
2.设置CPU Prefetching Configuration选项为Enabled，按F10保存BIOS配置

图 10.15 优化建议与优化指导

调优助手建议开启 CPU 预取开关，同时给出了优化指导，接下来根据调优助手的指导对矩阵乘法程序进行优化。

10.4.3　矩阵乘法优化

标准矩阵乘法为行列相乘，数组按列读取无法充分利用空间局部性原理，本小节根据优化建议对代码进行按行读取优化，以充分利用空间局部性原理。操作步骤如下。

（1）登录华为鲲鹏云服务器，进入控制台。

（2）在命令行中输入命令 cd /home/Arraydemo，进入到“Arraydemo”目录下。

（3）在命令行中输入命令 vim arraydemo_row.c，创建并编写 arraydemo_row.c 文件，内容如下。

```
#include <stdio.h>
#include <stdlib.h>
#include <sys/time.h>
#include <time.h>
#define N 500
void MatrixMultiply1(double a[][N], double b[][N],
                                        double c[][N])
{
    int i, j, k;
    for (k=0; k < N; k++)
    {
        for (i=0; i < N; i++)
        {
            double temp=a[i][k];
            for (j=0; j < N; j++)
            {
                // 最内层均为按行读取
                c[i][j]+=temp * b[k][j];
            }
        }
    }
}
int main()
{
    double a[N][N];
    double b[N][N];
    double c[N][N];
    int i, j;
    srand((unsigned)time(NULL));
```

```
    for (i=0; i < N; i++)
    {
        for (j=0; j < N; j++)
        {
            a[i][j]=rand() %100;
            b[i][j]=rand() %100;
        }
    }
    struct timeval start={0, 0}, end={0, 0};
    gettimeofday(&start, NULL);
    MatrixMultiply1(a, b, c);
    gettimeofday(&end, NULL);
    long timeuse=1000000 * ( end.tv_sec-start.tv_sec )
                           + end.tv_usec - start.tv_usec;
    // 输出矩阵乘法运算时间，单位为微秒
    printf("Time use:%ld us\n", timeuse);
    // 输出矩阵 a 和矩阵 b 的元素个数，均为 N^2
    printf("Total size: a:%d, b:%d\n", N * N, N * N);
    // 输出加法和乘法的总操作次数，为 2N^3
    printf("Total operators: %d\n", 2 * N * N * N);
    return 0;
}
```

编写完成后保存并退出。

矩阵存储在二维数组中，数组中的数据在内存中是按行存储的。标准矩阵乘法是行列相乘，其中一个矩阵的读取方式为按列读取，这就会导致数组的访问顺序与写入顺序不一致，每次访问需要跳过一行的数据。对于该问题，上述程序将矩阵行列相乘的计算拆分，每次仅计算一行乘以一个元素，因此矩阵 b 的取值顺序变更为从左到右的按行读取，使得最内层循环读取的地址连续，等价于两个矩阵的数据都进行按行读取，使得访问顺序与存储顺序一致。

（4）在命令行中输入命令 gcc arraydemo_row.c -o arraydemo_row，编译生成可执行文件 arraydemo_row。

（5）在命令行中输入命令 ./arraydemo_row，运行按行优化程序，如图 10.16 所示。

```
[root@kunpeng Arraydemo]# gcc arraydemo_row.c -o arraydemo_row
[root@kunpeng Arraydemo]# ./arraydemo_row
Time use:682803 us
Total size: a:250000, b:250000
Total operators: 250000000
[root@kunpeng Arraydemo]#
```

图 10.16　按行优化程序运行结果

按行读取优化后的函数耗时 Time use 为 682 803 μs，相较于优化前的矩阵乘法函数速度提升较大。按行读取一定程度上缓解了 CPU 预取数据命中率低的问题，从运行时间上看，由原来的 976 530 μs 变为 682 803 μs，按行读取的优化效果明显。

由于云服务器为虚拟机，不能获取 Cache 的具体命中情况，无法对 Cache 命中率进行详细分析，因此在物理服务器上安装使用鲲鹏性能分析工具，对本实验的两个程序进行分析。图 10.17 和图 10.18 分别为标准矩阵乘法和矩阵乘法优化两个程序循环运行时 15 s 内系统 L1 Cache 的命中情况。

L1-dcache-loads 代表 L1 数据 Cache 的命中次数，L1-dcache-load-misses 代表 L1 数据 Cache 的未命中次数。L1-icache-loads 代表 L1 指令 Cache 的命中次数，L1-icache-load-misses 代表 L1 指令 Cache 的未命中次数。本实验只需考察 L1 数据 Cache 的命中情况。

采集值

L1-dcache-loads ⑦	51528310696
L1-dcache-load-misses ⑦	416587638
L1-icache-loads ⑦	32534018293
L1-icache-load-misses ⑦	502784586

图 10.17　优化前 L1 Cache 命中情况

采集值

L1-dcache-loads ⑦	64056051240
L1-dcache-load-misses ⑦	382341848
L1-icache-loads ⑦	36706090256
L1-icache-load-misses ⑦	508510047

图 10.18　优化后 L1 Cache 命中情况

对比优化前后，矩阵乘法程序采用按行读取之后 15 s 内系统的 L1 数据 Cache 的命中次数由 51 528 310 696 次增加至 64 056 051 240 次，未命中次数由 416 587 638 次减少至 382 341 848 次，Cache 的利用效率有了显著提高。

10.5　思考题

根据本章的优化思路，同时使用按行读取和二倍循环展开对以下程序中的 add()函数进行优化，原代码内容如下。

```
#include <stdio.h>
#include <stdlib.h>
#include <time.h>
#include <sys/time.h>
#define N 10000
int arr1[N][N];
int arr2[N][N];
void add()
```

```
{
    int i, j;
    for (i=0; i < N; i++)
    {
        for (j=0; j < N; j++)
        {
            arr1[j][i]+=arr2[j][i];
        }
    }
}
int main()
{
    int i, j;
    srand((unsigned)time(NULL));;
    for (i=0; i < N; i++)
    {
        for (j=0; j < N; j++)
        {
            arr1[i][j]=rand() %100;
            arr2[i][j]=rand() %100;
        }
    }
    struct timeval start={0, 0}, end={0, 0};
    gettimeofday(&start, NULL);
    add();
    gettimeofday(&end, NULL);
    long timeuse=1000000 * ( end.tv_sec-start.tv_sec )
                            + end.tv_usec - start.tv_usec;
    // 输出矩阵乘法运算时间，单位为微秒
    printf("Time use:%ld us\n", timeuse);
    return 0;
}
```

优化前执行时间如图 10.19 所示。

```
[root@kunpeng Arraydemo]# gcc Matrix_add.c -o Matrix_add
[root@kunpeng Arraydemo]# ./Matrix_add
Time use:3287702 us
[root@kunpeng Arraydemo]#
```

图 10.19　优化前执行时间

要求：编写同时使用按行读取和二倍循环展开优化的 add() 函数并给出运行结果。

第 11 章　基于任务级并行的鲲鹏处理器程序优化

11.1　实验目的

通过编写单线程与多线程矩阵乘法运算程序，对比程序执行时间与 CPU 使用率，介绍基于鲲鹏处理器的多线程技术以及利用处理器的多任务并行方式进行程序优化的方法。

11.2　实验环境

本实验的软硬件环境如下：

- 硬件环境：具备网络连接的个人计算机、华为鲲鹏云服务器；
- 软件环境：openEuler 操作系统、gcc 编译器、perf 性能分析工具。

11.3　实验原理

本节分为 3 个部分：第一部分介绍程序并行的分类以及多核处理器的基本特征和发展背景；第二部分介绍多线程技术的相关基础知识，通过分析多线程的优缺点和 4 种状态，帮助用户更好地理解和掌握多线程技术的核心要点；第三部分结合常用的线程相关函数代码，介绍 openEuler 操作系统下的多线程程序设计方法。

11.3.1　多核处理器

提高系统运行的并行性是提升系统整体速度的有效方法。程序的并行性主要可分为 3 类：任务级并行、数据级并行、指令级并行。任务级并行一般是将整个应用的目标任务拆分成多个子任务，然后同时执行这些子任务，这种并行粒度最大，效果也非常明显。数据级并行是指在处理过程中，对不存在依赖关系的数据进行并行处理，数据级并行对多媒体领域的应用至关重要。而指令级并行往往是从处理器的结构出发，研究处理器如何能同时执行多条指令，这种并行的开发较为成熟，包括目前应用十分广泛的流水线、超标量、超长指令字技术等。

随着电子和计算机技术的不断发展，传统的单核处理器已经在诸多方面遇到了瓶颈。处理器性能发展的制约主要来自以下几个方面。

(1) 不断增加的流水线深度使得流水线冲突的出现更为频繁且设计难度大大增加，从而减弱了时钟频率的增加所能带来的性能优势，处理器时钟频率的增长速度开始减慢。

(2) 当半导体制程进入 7 nm 之后，摩尔定律中晶体管容量翻倍、计算机性能翻倍的周期越来越长。单纯依靠增加晶体管提升性能的方法受到了成本和功耗的限制。

在单核架构逐渐难以满足需求的背景下，处理器进入了多核架构时代，飞速发展的集成电路制造工艺使得在单个芯片中集成多个处理器成为了可能。将两个或两个以上的独立处理器集成在一个芯片中，就构成了多核处理器，多核处理器中的每一个独立处理器称作一个处理器内核(或核心)。多核处理器能够通过并行运算提高处理器性能，在保持与单核处理器相同性能的前提下，多核处理器能工作在更低的时钟频率和电压下，从而降低了处理器的功耗。同时，多核处理器能够对其中各个核心采用不同的时钟频率和电压，较好地适应各单核在性能、功耗和稳定性等方面上的差异，实现了系统的效率提升和功耗下降。同时，多核处理器还具有非常好的可扩展性，通过改变处理器核的个数，不同的多核处理器能提供截然不同的性能以适应不同应用的要求。

其实，多核处理器的雏形早在 20 世纪 70 年代的存储器共享架构中就已经出现。该架构通过一个共享的存储器实现不同处理器间的信息传递，但在当时由于单核处理器通过提升时钟频率便能满足性能要求的提高，因此多核处理器并没有成为研究热点。直到 20 世纪 90 年代末 21 世纪初，由于单核处理器在诸多方面的种种限制，多核处理器再次得以提出并成为了研究热点。

11.3.2 多线程技术

在操作系统中，一个进程可以包含多个执行路线，每一个执行路线称为一个线程。线程可由操作系统调度执行，其切换的代价显著小于进程切换，因此适用于很多场景。

如果在进程中没有显式地生成一个线程，那么此进程仅包含一个线程，此进程称作单线程进程。当创建进程时，线程也被同步创建，结束进程时，线程也同步结束。可以在进程中通过使用线程函数来显式地创建多个线程，使程序拥有多条执行路线。

进程和线程在资源分配方面有很大的区别。创建子进程采用 fork() 函数，创建的子进程拥有的独立资源与父进程几乎相同。创建新线程采用 pthread_create() 函数，新线程拥有独立的栈，包括函数参数、局部变量等资源都是独立的。但是，新线程和初始线程共享全局变量、文件描述符、信号句柄、当前目录状态等资源。

多线程有很多优点。首先，在宏观上，线程具有很好的并发性，可以使程序同时执行不同的任务，如果处于多处理器的硬件环境，可将不同的线程分配到不同的处理器上运行，来提高程序的执行速度和硬件资源的利用率。其次，对于分层结构或分模块结构的程序，可为其每层或每个模块分配线程来执行，这样程序结构更加清晰，便于日后的维护和升级。此外，由于新线程和初始线程之间的资源共享性比较好，线程间通信过程相对简单，线程切换的开销也小于进程切换。

然而多线程也有一些很明显的缺点。例如，开启线程需要占用一定的内存空间，如果开启线程数量过多，程序性能就会降低，CPU 在调度线程上的开销也会变大；再者，在开发中使用多线程，程序设计就会更加复杂，由于多线程程序呈现出并发运行的特点，对程序的可重入性设计和调试也带来了更大的挑战。

线程在生命周期中主要有以下 4 个状态。

（1）就绪态：线程在等待处理器资源时处于就绪态。

（2）运行态：处于就绪态的线程被调用并获得处理器资源时进入运行态。

（3）阻塞态：线程因为缺少除处理器外的某些其他资源而无法运行时处于阻塞态。

（4）终止态：线程运行结束或被取消后处于终止态。

线程一旦被创建，就进入了就绪态，等待内核调度。就绪态的线程被调度后，会进入运行态。在运行态下，如果运行结束或者被取消，则进入终止态；如果处理器被抢占，则返回就绪态；如果运行过程中需要的某些资源不能立刻得到，则进入阻塞态，直到条件满足再次返回就绪态，等待下次调度。

11.3.3　多线程程序设计方法

可移植性操作系统接口标准定义了一套线程操作相关的函数，用于让程序员更加方便地操作和管理线程，函数名均以前缀 pthread_开始，使用时要包含 <pthread. h>，而且在链接时要手动链接 pthread 这个库，如：gcc main. c-lpthread-o main。

线程相关函数如下。

（1）创建线程

在一个进程中，初始线程在进程创建时被自动创建，其他线程均由 pthread_create() 函数显式创建，pthread_create() 函数原型如下。

```
#include<pthread.h>
int pthread_create(pthread_t *thread, pthread_attr_t *attr,
                        void *(*func)(void*), void *arg);
```

参数 thread 代表线程句柄，可以返回指向线程标志符的指针。attr 代表线程属性，通过该参数可以设置创建的线程属性，如果使用默认属性，那么直接传递 NULL 即可。func() 代表线程函数，即新线程启动后执行的函数名称。arg

代表线程参数，是指需要在主线程传递给子线程的参数。

函数执行成功的情况下返回 0，失败的情况下返回错误码。函数执行成功后，新创建的线程从设定的函数处开始执行，原线程则继续执行。

（2）终止线程

终止一个线程需要调用 pthread_exit() 函数，其原型如下。

```
#include<pthread.h>
void pthread_exit(void *ret);
```

参数 ret 为指向返回值的指针，指向的位置不能是局部变量。

如果在初始线程中调用此函数，进程将等待所有线程结束后才终止。在新线程中调用此函数，新线程将结束自身，并得到返回值。

（3）合并线程

合并线程需要调用 pthread_join() 函数实现，其原型如下。

```
#include<pthread.h>
int pthread_join(pthread_t *thread, void **ret);
```

参数 thread 代表要合并的线程，ret 代表该线程的退出状态，它是一个二级指针，指向一个一级指针，而一级指针则指向线程的返回值。函数执行成功的情况下返回 0，失败的情况下返回错误码。

11.4 实验任务

本实验利用多线程技术实现矩阵乘法程序的任务级并行，为多核处理器中的高性能计算提供优化思路，实验方案如下。

（1）单线程矩阵乘法运算

编写矩阵乘法运算程序，计算矩阵乘法函数的执行时间。为矩阵乘法运算程序编写 shell 脚本，脚本实现的功能是连续运行 10 次矩阵乘法运算程序，最后输出脚本任务执行的总时间。

（2）shell 中实现并行任务

重新编写脚本，依然是连续运行 10 次矩阵乘法运算程序，改进的方法是将程序设为后台运行，这样就可以充分利用多核处理器的优势，多线程并行执行任务。最后，通过 openEuler 自带的性能分析工具 perf 对比分析多核多线程的优势。

（3）多线程矩阵乘法运算

在并行设计中，应用程序可以看作众多相互依赖的任务的集合。将应用程序划分成多个独立的任务，并确定这些任务之间的相互依赖关系，这个过程被称为分解。该优化方案通过将矩阵乘法任务进行分解，将运算任务同时交给两个线程去执行，分解的方式是将矩阵 a 的上半部与下半部分别与矩阵 b 进行相乘。

本实验的任务共有 3 个：

（1）编写单线程矩阵乘法运算程序，通过脚本计算任务执行的总时间；

（2）修改脚本，实现任务级并行执行，并通过 perf 性能分析工具对比分析多核多线程的优势；

（3）将矩阵乘法运算程序进行分解，利用多线程并行完成矩阵乘法运算。

11.4.1 单线程矩阵乘法

本小节编写矩阵乘法运算程序以及单线程脚本，操作步骤如下。

（1）登录华为鲲鹏云服务器，进入控制台。

（2）在命令行中输入命令 cd /home，进入到“home”目录下。

（3）在命令行中依次输入命令 mkdir thread、cd thread，创建并进入“thread”文件夹。

（4）在命令行中输入命令 vim multiplication_initial.c，创建并编写 multiplication_initial.c 文件，内容如下。

```
#include <stdio.h>
#include <stdlib.h>
#include <sys/time.h>
#include <time.h>
#define N 500                          // 定义矩阵大小为 500×500
double a[N][N];
double b[N][N];
double c[N][N];
// 矩阵乘法运算函数
void MatrixMultiply()
{
    int i, j, k;
    for (i=0; i < N; i++)
    {
        for (j=0; j < N; j++)
        {
            for (k=0; k < N; k++)
            {
                c[i][j]+=a[i][k] * b[k][j];
            }
        }
    }
}
int main()
{
```

```
    int i, j;
    srand((unsigned)time(NULL));
    // 初始化矩阵 a、b
    for (i=0; i < N; i++)
    {
        for (j=0; j < N; j++)
        {
            a[i][j]=rand() %100;
            b[i][j]=rand() %100;

        }
    }
    struct timeval start={0, 0}, end={0, 0};
    // 记录开始时间
    gettimeofday(&start, NULL);
    // 进行矩阵乘法运算
    MatrixMultiply();
    // 记录结束时间
    gettimeofday(&end, NULL);
    // 计算矩阵乘法运算函数执行时间
    long timeuse=1000000 * (end.tv_sec-start.tv_sec )
                                 + end.tv_usec - start.tv_usec;
    printf("Time use:%ld us\n", timeuse);
    return 0;
}
```

编写完成后保存并退出。

（5）在命令行中输入命令 gcc multiplication_initial.c -o multiplication_initial，编译生成可执行文件 multiplication_initial。

（6）在命令行中输入命令 vim task_single.sh，创建并编写脚本文件，内容如下。

```
#!/bin/bash
start_time='date+%s'
#任务执行 10 次
for i in {1..10}
do
    echo 'begin'$i;
    ./multiplication_initial
    echo 'success'$i;
done
```

```
stop_time='date+%s'
time_use=$(($stop_time-$start_time))
echo "Total time use:$time_use s"
```

编写完成后保存并退出。

该脚本的任务如下：首先记录该脚本的开始时间，随后在循环中依次运行 10 次矩阵乘法程序，循环结束后记录结束时间，最后作差得出完成本次任务的总耗时。

（7）在命令行中输入命令 chmod 777 task_single.sh，修改 task_single.sh 文件权限，chmod 777 filename 用于设置文件权限为所有用户可读写可执行。

（8）在命令行中输入命令 ./task_single.sh，运行 task_single.sh 脚本，如图 11.1 所示。

```
[root@kunpeng thread]# vim task_single.sh
[root@kunpeng thread]# chmod 777 task_single.sh
[root@kunpeng thread]# ./task_single.sh
begin1
Time use:990279 us
success1
begin2
Time use:1028785 us
success2
begin3
Time use:1025362 us
success3
begin4
Time use:1029594 us
success4
begin5
Time use:1018462 us
success5
begin6
Time use:986649 us
success6
begin7
Time use:1030354 us
success7
begin8
Time use:988874 us
success8
begin9
Time use:1020910 us
success9
begin10
Time use:986901 us
success10
Total time use: 10 s
[root@kunpeng thread]#
```

图 11.1　单线程脚本执行结果

从图 11.1 中可以看出，矩阵乘法程序顺序执行 10 次，总耗时 10 s。在下一小节中，通过并行执行任务，对比观察任务并行带来的时间优化。

11.4.2　shell 级任务并行

本小节编写并行运行的脚本文件，实现 10 次矩阵乘法任务的并行执行，操作步骤如下。

（1）登录华为鲲鹏云服务器，进入控制台。

（2）在命令行中输入命令 cd /home/thread，进入到“thread”目录下。

（3）在命令行中输入命令 vim task_multi.sh，创建并编写一个新的脚本文件，内容如下。

```
#!/bin/bash
start_time='date+%s'
for i in {1..10}
do
{
    echo 'begin'$i;
    ./multiplication_initial
    echo 'success'$i;
}&                              #& 表示后台运行
done
    wait                        #等待所有矩阵乘法运算程序运行完成
    stop_time='date+%s'
    time_use=$(($stop_time-$start_time))
    echo "Total time use: $time_use s"
```

在 11.4.1 小节的脚本中，10 个矩阵乘法程序在前台顺序执行，下一个任务需要等待上一个任务完成后才能开始。在本节的脚本中，所有的任务都放在后台执行，由操作系统统一调度。本实验中云服务器的规格为双核双线程，因此，任务能够做到两两并行，若更改服务器规格为四核四线程，并行执行的任务最多能够达到 4 个。

（4）在命令行中输入命令 chmod 777 task_multi.sh，修改 task_multi.sh 文件权限。

（5）在命令行中输入命令 ./task_multi.sh，运行 task_multi.sh 脚本，如图 11.2 所示。

从图 11.2 中可以看出，矩阵乘法程序并行运行 10 次，总耗时 5 s，较单线程顺序运行的时间减少了一半。

（6）本实验要使用性能分析工具 perf 对程序进行分析，需要为弹性云服务器配置公网 IP 以安装 perf，弹性公网 IP 的配置方法参照 7.4.1 小节。在命令行中输入命令 yum -y install perf，安装 perf 性能分析工具，安装完成后，建议将弹性公网 IP 释放，以便减少开销。

（7）在命令行中输入命令 perf stat ./task_single.sh，使用 perf 性能分析工具分析单线程顺序运行的性能，如图 11.3 所示。

图 11.3 中，指标 task-clock 代表目标任务真正占用处理器的时间，单线程情况下为 10.172 17 s；指标 seconds time elapsed 为任务的持续时间，单线程情况下约为 10.187 s；指标 CPUs utilized 为 CPU 的利用率，单线程情况下

为 0.999。

```
[root@kunpeng thread]# vim task_multi.sh
[root@kunpeng thread]# chmod 777 task_multi.sh
[root@kunpeng thread]# ./task_multi.sh
begin1
begin4
begin5
begin2
begin3
begin6
begin8
begin7
begin9
begin10
Time use:5226093 us
success1
Time use:5197320 us
Time use:5191012 us
success2
success5
Time use:5230994 us
success6
Time use:5248357 us
success4
Time use:5164647 us
Time use:5155902 us
success10
success9
Time use:5185209 us
Time use:5216883 us
success3
Time use:5137407 us
success8
success7
Total time use: 5 s
```

图 11.2　task_multi.sh 执行结果

```
Performance counter stats for './task_single.sh':

        10,172.17 msec task-clock              #    0.999 CPUs utilized
               64      context-switches        #    0.006 K/sec
                5      cpu-migrations          #    0.000 K/sec
            1,731      page-faults             #    0.170 K/sec
  <not supported>      cycles
  <not supported>      instructions
  <not supported>      branches
  <not supported>      branch-misses

     10.187070417 seconds time elapsed

     10.157925000 seconds user
      0.003995000 seconds sys
```

图 11.3　单线程性能分析

（8）在命令行中输入命令 perf stat ./task_multi.sh，使用 perf 性能分析工具分析双线程性能，结果如图 11.4 所示。

从图 11.4 中可以看到，双线程情况下，指标 seconds time elapsed 由单线程的 10.187 s 左右减少到了约 5.437 s，同时，指标 CPUs utilized 由单线程的 0.999 增加到了 1.948。由于该实验设备配置中的 CPU 核心数为双核，通过上述指标的变化可以得知，修改后的脚本使目标程序同时运行在两个核上，这样增加了硬件资源的利用率，减少了完成任务所需的时间消耗。

```
Performance counter stats for './task_multi.sh':

        10,590.16 msec task-clock                #    1.948 CPUs utilized
              925      context-switches          #    0.087 K/sec
               13      cpu-migrations            #    0.001 K/sec
            2,080      page-faults               #    0.196 K/sec
   <not supported>      cycles
   <not supported>      instructions
   <not supported>      branches
   <not supported>      branch-misses

      5.437374655 seconds time elapsed

     10.564024000 seconds user
      0.004379000 seconds sys
```

图 11.4 双线程性能分析

11.4.3 多线程矩阵乘法

本小节将矩阵乘法运算程序进行分解，在程序中创建新线程，利用多线程完成矩阵乘法运算，操作步骤如下。

(1) 登录华为鲲鹏云服务器，进入控制台。

(2) 在命令行中输入命令 cd /home/thread，进入到"thread"目录下。

(3) 在命令行中输入命令 vim multiplication_parallel.c，创建并编写多线程矩阵乘法运算程序，内容如下。

```
#include <stdio.h>
#include <stdlib.h>
#include <sys/time.h>
#include <pthread.h>
#define N 500
int a[N][N];
int b[N][N];
int c[N][N];
// 新线程运算函数
void * MatrixMultiply_upper()
{
    int i, j, k;
    for (i=0; i < N / 2; i++)
    {
        for (j=0; j < N; j++)
        {
            for (k=0; k < N; k++)
            {
                c[i][j]+=a[i][k] * b[k][j];
            }
        }
```

```
    }
    pthread_exit(NULL);
}
// 主线程运算函数
void MatrixMultiply_later()
{
    int i, j, k;
    for (i=N / 2; i < N; i++)
    {
        for (j=0; j < N; j++)
        {
            for (k=0; k < N; k++)
            {
                c[i][j]+=a[i][k] * b[k][j];
            }
        }
    }
}
int main()
{
    int i, j;
    srand((unsigned)time(NULL));
    for (i=0; i < N; i++)
    {
        for (j=0; j < N; j++)
        {
            a[i][j]=rand() %100;
            b[i][j]=rand() %100;
        }
    }
    struct timeval start={0, 0}, end={0, 0};
    pthread_t tid1;
    gettimeofday(&start, NULL);
    // 创建新线程
    pthread_create(&tid1, NULL, MatrixMultiply_upper, NULL);
    MatrixMultiply_later();
    // 等待线程结束
    pthread_join(tid1, NULL);
    gettimeofday(&end, NULL);
    long timeuse=1000000 * ( end.tv_sec-start.tv_sec )
                                    + end.tv_usec - start.tv_usec;
```

```
    printf("Time use:%ld us\n", timeuse);
    return 0;
}
```

编写完成后保存并退出。

(4) 在命令行中输入命令 gcc multiplication_parallel.c -o multiplication_parallel -lpthread，编译 multiplication_parallel 程序。由于该程序使用的头文件 pthread.h 不在 openEuler 默认库中，因此在编译时需要链接库 libpthread.a。

(5) 在命令行中输入命令 ./multiplication_parallel，运行多线程矩阵乘法运算程序，如图 11.5 所示。

```
[root@kunpeng thread]# vim multiplication_parallel.c
[root@kunpeng thread]# gcc multiplication_parallel.c -o multiplication_parallel -lpthread
[root@kunpeng thread]# ./multiplication_parallel
Time use:443978 us
```

图 11.5 多线程矩阵乘法运算程序运行结果

对比 10.4.2 节中的单线程矩阵乘法运算程序运行时间 976 530 μs，将待运算的矩阵分成两个部分使用双线程进行乘法运算仅需 443 978 μs，优化效果明显。

(6) 在命令行中输入命令 perf stat ./multiplication_initial，使用 perf 性能分析工具分析单线程矩阵乘法运算程序的性能，如图 11.6 所示。

```
[root@kunpeng thread]# perf stat ./multiplication_initial
Time use:993773 *10^-6 s

 Performance counter stats for './multiplication_initial':

          1,006.00 msec task-clock                #    1.000 CPUs utilized
                 9      context-switches          #    0.009 K/sec
                 0      cpu-migrations            #    0.000 K/sec
               123      page-faults               #    0.122 K/sec
   <not supported>      cycles
   <not supported>      instructions
   <not supported>      branches
   <not supported>      branch-misses

       1.006335269 seconds time elapsed

       1.004930000 seconds user
       0.000000000 seconds sys
```

图 11.6 单线程矩阵乘法运算程序性能分析

图 11.6 中，单线程情况下，任务所占处理器时间 task-clock 为 1.006 s，任务持续时间 seconds time elapsed 约为 1.006 s，CPU 利用率 CPUs utilized 为 1.000。

(7) 在命令行中输入命令 perf stat ./multiplication_parallel，使用 perf 性能分析工具分析多线程矩阵乘法运算程序的性能，如图 11.7 所示。

从图 11.7 中可以看到，双线程情况下，任务所占处理器时间 task-clock 为 0.913 58 s，任务持续时间 seconds time elapsed 约为 0.467 s，CPU 利用率 CPUs

```
Performance counter stats for './multiplication_parallel':

          913.58 msec task-clock                #    1.957 CPUs utilized
               1      context-switches          #    0.001 K/sec
               0      cpu-migrations            #    0.000 K/sec
              87      page-faults               #    0.095 K/sec
   <not supported>      cycles
   <not supported>      instructions
   <not supported>      branches
   <not supported>      branch-misses

       0.466942549 seconds time elapsed

       0.912556000 seconds user
       0.000000000 seconds sys
```

图 11.7　多线程矩阵乘法运算程序性能分析

utilized 为 1.957。对比图 11.6 与图 11.7，双线程程序的任务持续时间约为 0.467 s，相较于单线程程序的 1.006 s，矩阵乘法运算程序的执行时间缩短了近一半，修改后的程序创建一个新线程来计算矩阵乘法的下半部分，提高了运算程序的效率，优化了程序的执行时间。

11.5　思考题

本章介绍了多线程优化编程的思想。本节首先介绍一个单线程排序程序，请阅读并理解其中的函数。请在单线程排序的基础上，将多线程排序代码中的函数填充完整，使其能完成对给定数组的排序功能。

单线程排序的操作步骤如下。

(1) 登录华为鲲鹏云服务器，进入控制台。

(2) 在命令行中输入命令 cd /home/thread，进入到“thread”目录下。

(3) 在命令行中输入命令 vim sort.c，创建排序程序，内容如下。

```
#include <stdio.h>
#include <stdlib.h>
#include <sys/time.h>
#include <time.h>
#define MAXSIZE 5000
int array[MAXSIZE];
int sort(const void *p1, const void *p2)
{
    return (*(int *)p1 - *(int *)p2);
}
int main()
```

```
{
    srand((unsigned)time(NULL));
    int i;
    for (i=0; i < MAXSIZE; i++)
    {
        array[i]=rand() %100;
    }
    struct timeval start={0, 0}, end={0, 0};
    gettimeofday(&start, NULL);
    qsort(array, MAXSIZE, sizeof(int), sort);
    gettimeofday(&end, NULL);
    long starttime_use=start.tv_sec * 1000000 + start.tv_usec;
    long endtime_use=end.tv_sec * 1000000 + end.tv_usec;
    double timeuse
            =(double)(endtime_use - starttime_use) /1000000.0;
    printf("Time use is %.6f s\n", timeuse);
    FILE * fp=fopen("data1.txt", "w+");
    unsigned int k;
    for (k=0; k < MAXSIZE; k++)
    {
        fprintf(fp, "%ld", array[k]);
    }
    return 0;
}
```

该程序使用的编程语言为 C 语言，主要功能是通过 stdlib 库中的 qsort() 函数实现对数组的排序。通过 gettimeofday() 函数获取程序执行前后的时间，作差获得排序的执行时间，最后将排好序的数组写入文件，观察实验对数组的排序结果。

（4）在命令行中输入命令 gcc sort. c -o sort，编译排序程序。

（5）在命令行中输入命令 ./sort，运行排序程序，如图 11.8 所示。

```
[root@kunpeng thread]# gcc sort.c -o sort
[root@kunpeng thread]# ./sort
Time use is 0.000525 s
```

图 11.8　单线程排序程序 sort 运行结果

（6）在命令行中输入命令 cat data1. txt，查看排序结果，如图 11.9 所示。从图 11.9 中可以看出，数字按照升序排列。

多线程排序程序的部分代码如下。

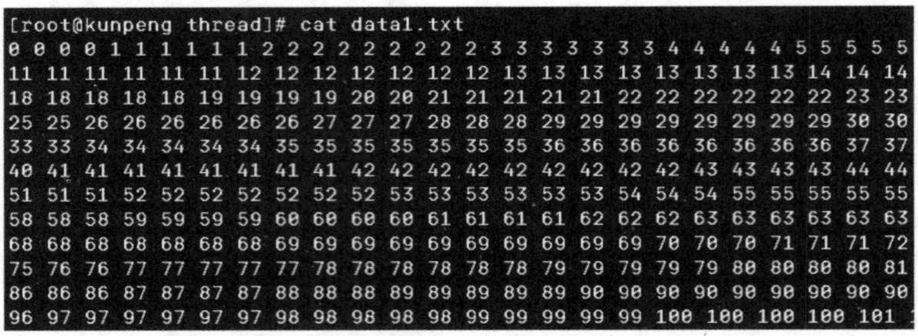

```
[root@kunpeng thread]# cat data1.txt
0 0 0 0 1 1 1 1 1 1 2 2 2 2 2 2 2 2 2 3 3 3 3 3 3 3 4 4 4 4 4 5 5 5 5 5
11 11 11 11 11 11 12 12 12 12 12 12 12 13 13 13 13 13 13 13 13 14 14 14
18 18 18 18 18 19 19 19 19 20 20 21 21 21 21 21 22 22 22 22 22 22 23 23
25 25 26 26 26 26 26 26 27 27 27 28 28 28 29 29 29 29 29 29 29 29 30 30
33 33 34 34 34 34 34 35 35 35 35 35 35 35 36 36 36 36 36 36 36 36 37 37
40 41 41 41 41 41 41 41 41 42 42 42 42 42 42 42 42 42 43 43 43 43 44 44
51 51 51 52 52 52 52 52 52 52 53 53 53 53 53 53 54 54 54 55 55 55 55 55
58 58 58 59 59 59 59 60 60 60 60 61 61 61 61 62 62 62 63 63 63 63 63 63
68 68 68 68 68 68 68 69 69 69 69 69 69 69 69 69 70 70 70 71 71 71 72
75 76 76 77 77 77 77 77 78 78 78 78 78 78 79 79 79 79 79 80 80 80 80 81
86 86 86 87 87 87 87 88 88 88 89 89 89 89 89 90 90 90 90 90 90 90 90 90
96 97 97 97 97 97 97 98 98 98 98 98 99 99 99 99 99 100 100 100 100 101 1
```

图 11.9　排序结果

```
#include <stdio.h>
#include <stdlib.h>
#include <sys/time.h>
#include <time.h>
#include <pthread.h>
#define MAXSIZE 5000
#define THREAD_NUM 2
#define midindex (MAXSIZE / THREAD_NUM)
int array[MAXSIZE];
int result_array[MAXSIZE]={ 0 };              // 排序结果数组
int flag=0;
int sort(const void *p1, const void *p2)
{
    return (*(int*)p1 - *(int*)p2);
}
// 对两个数组排序结果进行合并
void merge(int *list1, int list1_size, int *list2,
                                                int list2_size)
{
    int i=0, j=0, k=0;
    while (i < list1_size && j < list2_size)
    {
        if (list1[i] < list2[j])
        {
            result_array[k]=list1[i];
            k++;
            i++;
        }
        else
        {
```

```
            result_array[k++]=list2[j++];
        }
    }
    while (i < list1_size)
    {
        result_array[k++]=list1[i++];
    }
    while (j < list2_size)
    {
        result_array[k++]=list2[j++];
    }
}
//将数组分割为两部分
void dividing(int *array, int len)
{
    //任务：请补全 dividing()函数代码
    //分割后的数组长度变量分别命名为 list1_size 和 list2_size
    //指向两个数组的指针分别命名为 list1 和 list2
    merge(list1, list1_size, list2, list2_size);
}
void *sort_thread(void *arg)
{
    qsort(arg, midindex, sizeof(int), sort);
    flag++;
    pthread_exit(NULL);
}
int main()
{
    int i, j;
    srand((unsigned)time(NULL));
    for (i=0; i < MAXSIZE; i++)
    {
        array[i]=rand() %1000;
    }
    pthread_t tid1, tid2;
    struct timeval start={0, 0}, end={0, 0};
    gettimeofday(&start, NULL);
    //创建两个新线程
    pthread_create(&tid1, NULL, sort_thread, (void*)array);
    pthread_create(&tid2, NULL, sort_thread,
                                    (void*)(array+midindex));
```

```
    // 等待所有线程完成任务
    while (flag < 2);
    merge(array, MAXSIZE);
    gettimeofday(&end, NULL);
    long starttime_use=start.tv_sec * 1000000 + start.tv_usec;
    long endtime_use=end.tv_sec * 1000000 + end.tv_usec;
    double timeuse
            =(double)(endtime_use - starttime_use) /1000000.0;
    printf("Time use is %.6f s\n", timeuse);
    // 排序结果写入 data2.txt
    FILE *fp=fopen("data2.txt", "w+");
    int k;
    for (k=0; k < MAXSIZE; k++)
    {
        fprintf(fp, "%d ", result_array[k]);
    }
    return 0;
}
```

要求：请补充 dividing() 函数中的代码并运行程序，查看排序结果是否成功写入文本文件。

注意：为达到预期效果，本题需要变更云服务器规格，将双核修改为四核或四核以上，变更规格选项的位置如图 11.10 所示。同时，在编译时，需要在尾部添加-lpthread 以链接库 libpthread.a。

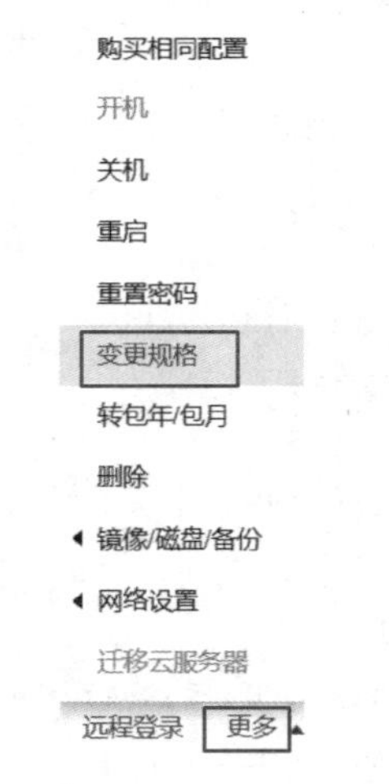

图 11.10　云服务器规格变更

第 12 章　x86 到鲲鹏处理器的汇编代码迁移

12.1　实验目的

了解使用鲲鹏开发套件中的鲲鹏代码迁移工具，将 x86 汇编代码迁移至华为鲲鹏云服务器，根据鲲鹏代码迁移工具给出的迁移报告对汇编代码进行调整，学会使用鲲鹏代码迁移工具完成代码迁移任务。

12.2　实验环境

本实验的软硬件环境如下：

- 硬件环境：具备网络连接的个人计算机、华为鲲鹏云服务器；
- 软件环境：Windows10 操作系统、Visual Studio Community 2022、鲲鹏代码迁移工具、openEuler 操作系统。

12.3　实验原理

本节分为 3 个部分：第一部分简要介绍鲲鹏代码迁移工具的用途，帮助用户总览该工具的主要特点；第二部分介绍鲲鹏代码迁移工具的五大主要功能，帮助读者快速了解鲲鹏代码迁移工具的适用范围；第三部分介绍鲲鹏代码迁移工具的实现原理，描述该工具的 15 个核心模块以及模块间的关联，梳理该工具的运行模式，帮助用户更好地理解和运用该工具。

12.3.1　鲲鹏代码迁移工具简介

当用户需要将基于 x86 架构的代码迁移到鲲鹏服务器上运行时，可以使用鲲鹏代码迁移工具分析代码的可迁移性和估计迁移投入，也可以使用该工具自动分析需要修改的代码内容，并指导用户如何修改。

鲲鹏代码迁移工具主要解决了软件迁移评估分析过程中人工投入大、准确率低、整体效率低下的问题，该工具能够自动分析代码、输出分析报告，并提供给用户修改建议，有效提升代码迁移效率。

12.3.2　鲲鹏代码迁移工具主要功能

鲲鹏代码迁移工具主要包含 5 项功能：软件迁移评估、源码迁移、软件包重构、专项软件迁移、鲲鹏亲和分析。

软件迁移评估功能用于检查用户软件包和 Java 类软件包中包含的共享对象和可执行文件，并在评估这两者的可迁移性后给用户提供评价报告。

源码迁移功能用于分析待迁移的软件源码，并在分析后提供代码修改建议，帮助用户将软件便捷地迁移到鲲鹏服务器上。

软件包重构功能用于分析待迁移软件包的构成情况，重构并生成鲲鹏平台兼容的软件包，或直接提供已迁移了的软件包。

专项软件迁移功能的服务对象是部分有常用解决方案的软件源码，对于这类特殊类型的代码，该功能可以使用华为提供的软件迁移模板修改、编译并产生指定软件版本的安装包，实现自动化适配鲲鹏平台。

鲲鹏亲和分析功能用于分析代码迁移后的兼容性问题，支持从 x86 平台向鲲鹏平台的代码迁移检查。具体而言，该功能可以进行 64 位运行模式检查、结构体字节对齐检查、缓存行对齐检查和鲲鹏平台上的内存一致性检查。

12.3.3　鲲鹏代码迁移工具实现原理

鲲鹏代码迁移工具的架构如图 12.1 所示，具体可分为 15 个模块：Nginx、Django、Main Entry、内存一致性检查、缓存行对齐检查、结构体字节对齐检查、64 位运行模式检查、软件包重构、专项软件迁移、源码迁移、软件迁移评估、依赖字典检查、C/C++/ASM/Fortran/Go/解释型语言源码检查、编译器检查、用户软件迁移指导。其中，Nginx、Django 模块仅在浏览器模式下需要安装部署，用于处理网页端请求；Main Entry 则是用户端命令行入口，用于接受和传递用户命令。这 3 个模块属于附加功能，用于提升鲲鹏代码迁移工具的便利性。其余 12 个模块是支撑鲲鹏代码迁移工具的核心功能，为并列结构。

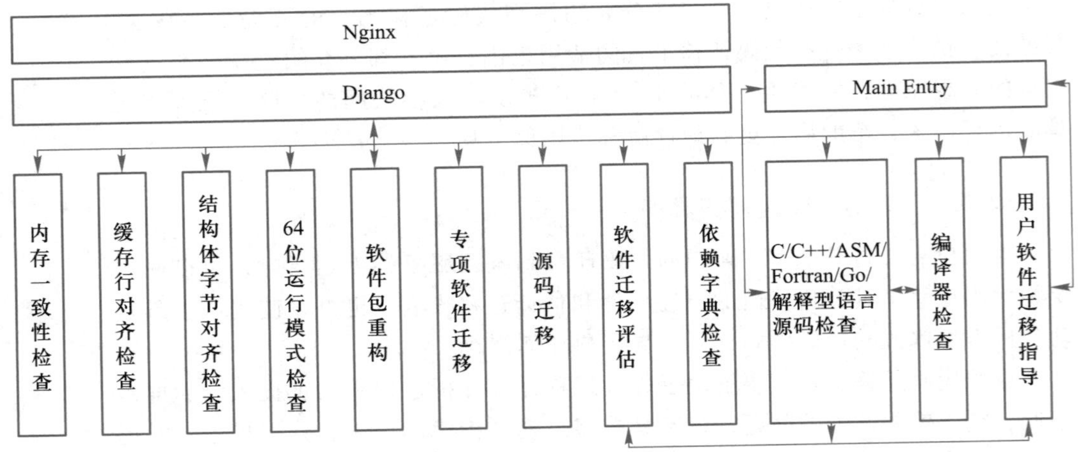

图 12.1　鲲鹏代码迁移工具的架构

Nginx 模块是一个开源第三方组件，负责向网页端提供静态页面和处理用户在网页端发出的 HTTPS 服务请求，或者向后台传递用户输入的数据信息，并将扫描结果返回给用户。

Django 模块是一个开源第三方组件，负责将用户传入的请求转换为驱动后端功能模块的命令，同时 Django 还能提供用户认证、管理功能。

Main Entry 模块是命令行方式入口，负责解析用户的输入参数，并驱动各个功能模块完成用户指定的任务。

内存一致性检查模块可以根据用户的需要检查或修复内存的一致性问题。该模块可使用静态检查工具检查用户源码，对潜在内存一致性问题发出警告并提供修复建议，也可以通过编译器工具在用户编译软件阶段实现自动修复。

缓存行对齐检查模块对 C/C++源码中的结构体变量进行 128 字节对齐检查，能够提升访存性能。

结构体字节对齐检查模块负责结构体变量的内存分配检查。

64 位运行模式检查模块负责将 32 位系统上的应用向鲲鹏平台迁移。该工具也能进行迁移检查和提供修改建议。

软件包重构模块可以对用户 x86 架构的软件包进行重构分析，并产生适用于鲲鹏平台的软件包。

专项软件迁移模块根据华为积累的软件迁移方法，帮助用户进行代码迁移。

源码迁移模块负责自动分析源码包，并给用户提供迁移至鲲鹏平台的迁移修改建议。

软件迁移评估模块负责自动扫描并分析软件包以及已安装的软件，并在分析后给用户提供可迁移性的评估报告。

依赖字典检查模块根据输入的共享对象文件列表，对比共享对象依赖字典，得到所有共享对象库的详细信息。

C/C++/ASM/Fortran/Go/解释型语言源码检查模块可以根据共享对象库的详细信息和编译器版本信息，检查源码中使用的架构相关的编译选项、编译宏、用户自定义宏等，最后向用户报告需要迁移的源码及源文件。

编译器检查模块可以根据编译器版本确定 x86 与鲲鹏平台不兼容的编译宏、编译选项等内容的清单。

用户软件迁移指导模块可以根据编译依赖库检查和 C/C++/ASM/Fortran/Go/解释型语言源码的扫描结果综合分析，最终合成用户软件迁移建议报告。

12.4 实验任务

本实验的任务共有 3 个：

（1）在 Visual Studio 中编写冒泡排序的 x86 汇编代码；

（2）使用鲲鹏代码迁移工具对冒泡排序的 x86 汇编代码进行迁移分析；

（3）根据鲲鹏代码迁移工具给出的迁移报告，编写鲲鹏汇编代码，实现冒泡排序。

12.4.1　基础代码设计

本小节在 Visual Studio 中编写冒泡排序的 x86 汇编代码，操作步骤如下。

（1）安装 Visual Studio，本例中 Visual Studio 的版本为 Visual Studio Community 2022（以下简称 VS 2022）。进入下载网站后单击 Visual Studio Community 下方的“免费下载”，如图 12.2 所示。

图 12.2　VS 2022 下载

（2）下载完成后，在个人计算机上运行安装程序。在安装指引时，勾选“使用 C++的桌面开发”选项，如图 12.3 所示。

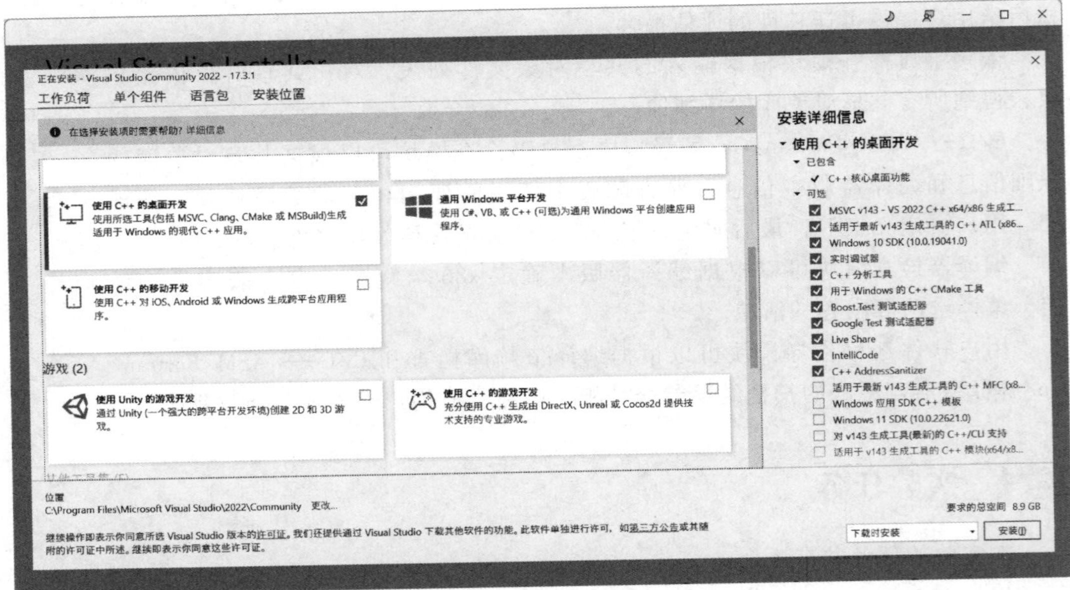

图 12.3　安装指引

（3）选择 VS 2022 的安装目录，根据安装指引，完成 VS 2022 的安装。

（4）安装完成后，进入 VS 2022 主界面，单击左上角“文件—新建—项目”创建一个新的项目。在项目创建界面中选择空项目，项目名称设置为 BubbleSort，项目目录自定义，如图 12.4 所示。

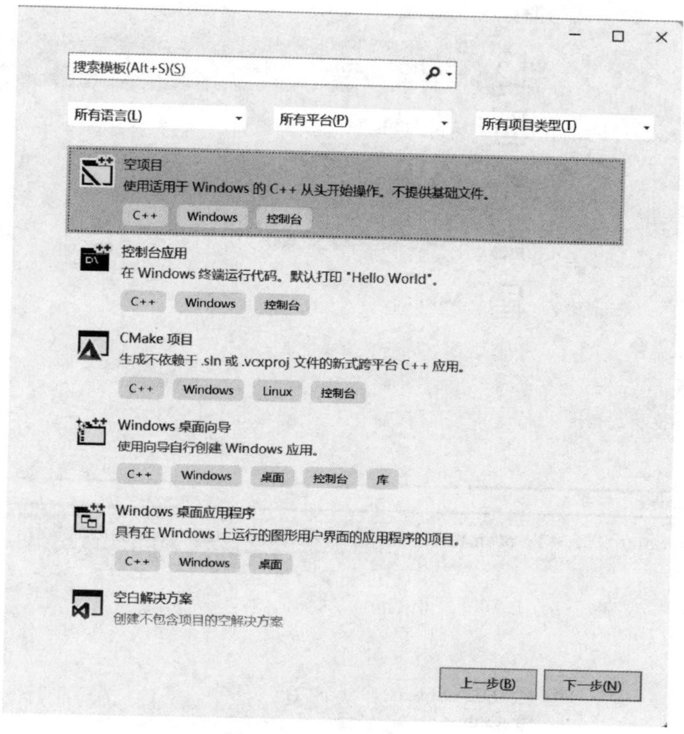

图 12.4　新项目创建

（5）项目创建完成后，在右侧的解决方案资源管理器中选择刚刚创建的项目，右击“源文件—添加—新建项”，选择 .cpp 文件添加本次的程序文件 Bubble.c，如图 12.5 所示。之后按照同样的方法添加源文件 Bubble.asm。

添加完成后的 BubbleSort 项目内容如图 12.6 所示。

（6）在界面上方的工具栏中，将平台由 x64 改选为 x86，如图 12.7 所示。

（7）右击 Bubble.asm，进入属性界面，如图 12.8 所示。

图 12.8 中的“项类型”用于确定生成工具或文件，如图所示的项类型为“不参与生成”，如果直接生成解决方案，VS 2022 会忽略掉 asm 文件，链接会失败，因此需要将项类型修改为自定义生成工具，之后还需要在自定义生成工具选项栏中指定用于自定义生成工具的命令行和自定义生成工具生成的输出文件。修改完成后单击右下角“应用”，如图 12.9 所示。

（8）在左侧的配置属性中，选择“自定义生成工具—常规”，对命令行和输出两个选项进行修改。在命令行一行输入 ml/c/coff%(fileName).asm，在输出一行输入%(fileName).obj;%(OutPuts)，如图 12.10 所示。

ml 是 VS 中携带的宏汇编和链接程序，用于将 asm 文件转换为 *.obj 文件并链接。/c 参数代表只汇编不链接，/coff 表示使用的文件格式为通用对象文件格式，修改完毕后单击“确定”，接下来就可以进行本小节程序的编写。

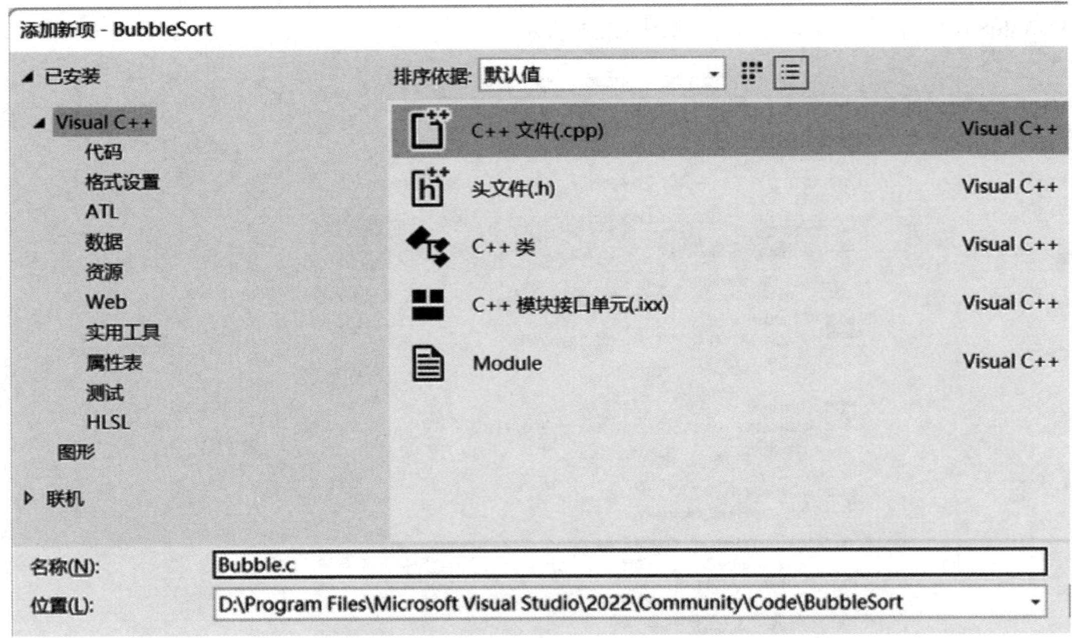

图 12.5　Bubble.c 文件添加

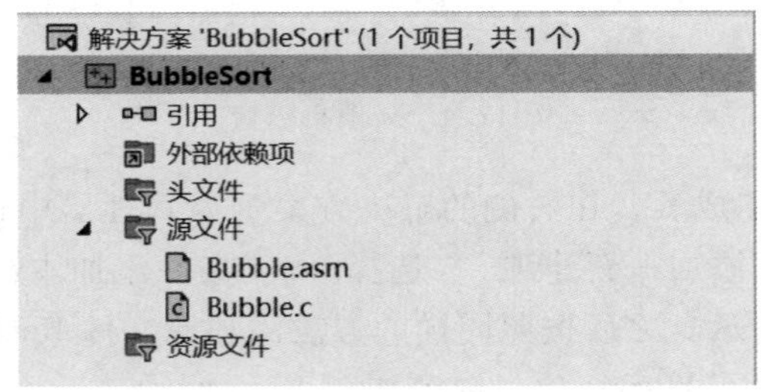

图 12.6　程序文件添加完成

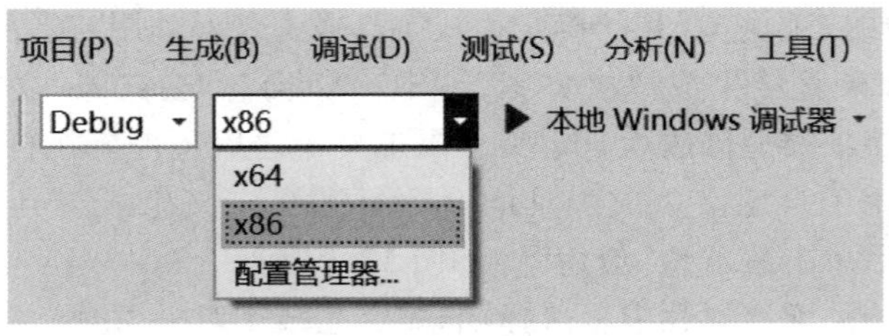

图 12.7　项目平台修改

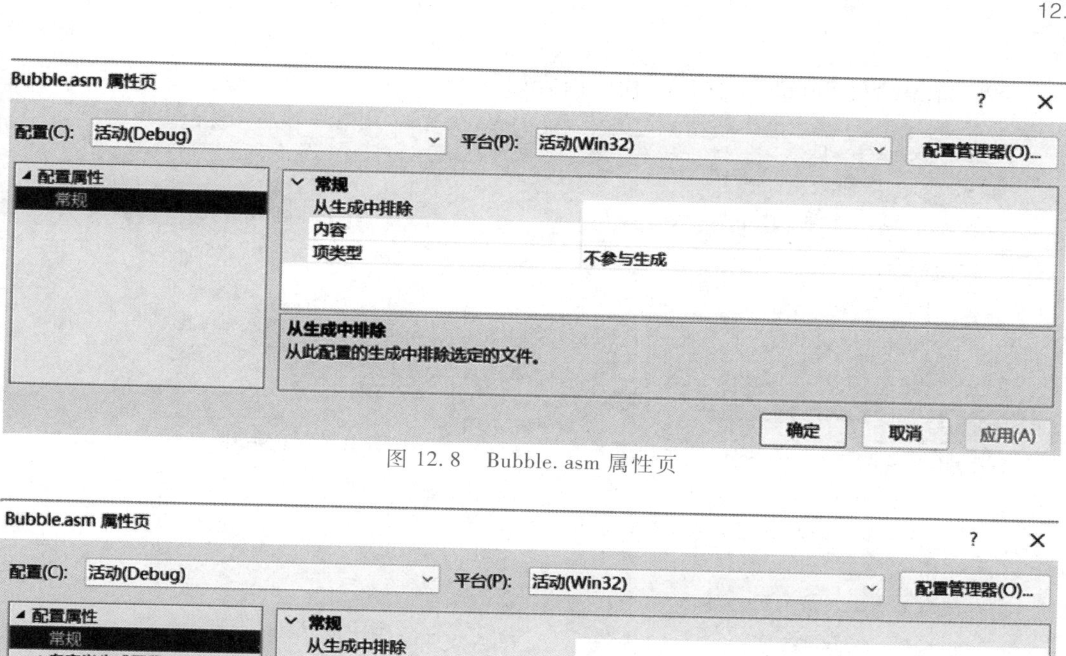

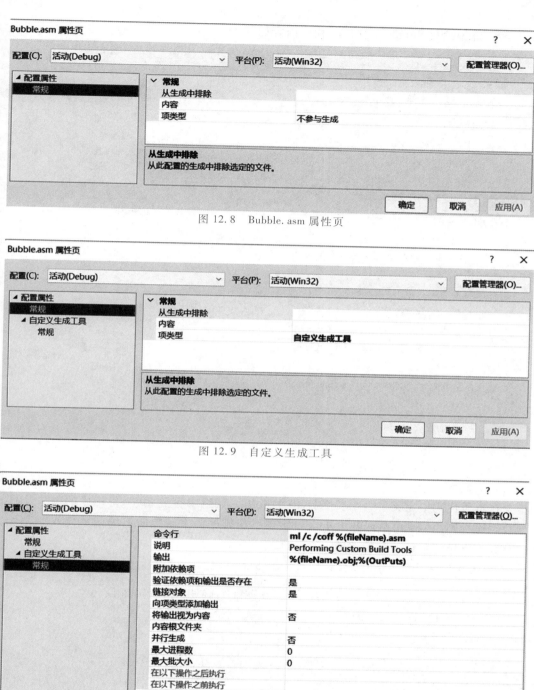

图 12.8　Bubble.asm 属性页

图 12.9　自定义生成工具

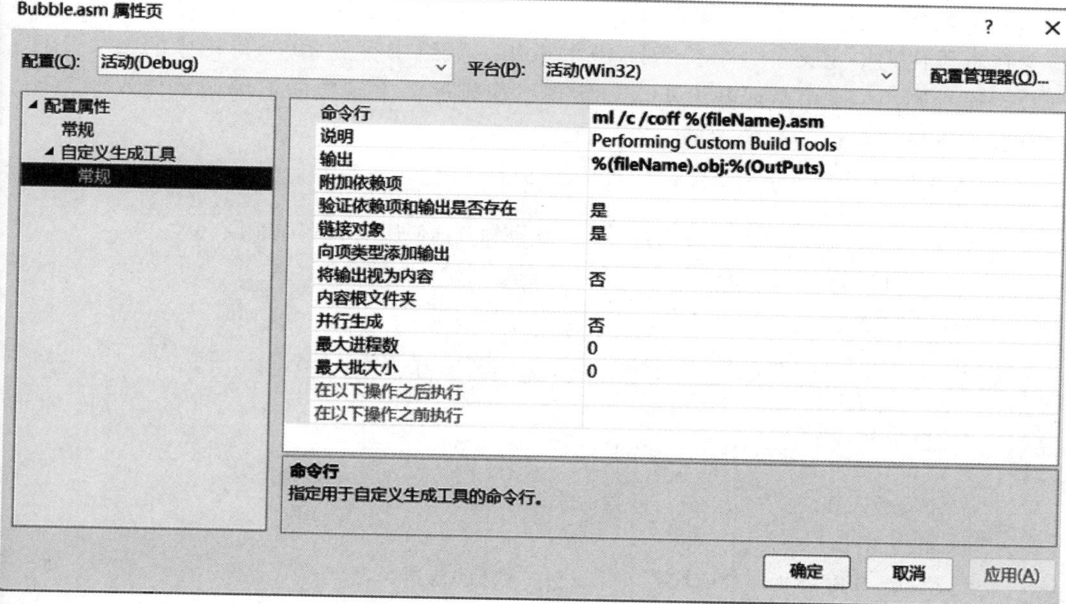

图 12.10　自定义生成工具配置

（9）首先编写 Bubble.c 文件，代码内容如下。

```
#include <stdio.h>
#include <stdlib.h>
extern void Bubble(int *arr);                    // 声明外部函数 Bubble()
int main()
{
    int Array[10]={1, 9, 7, 6, 4, 3, 0, 2, 8, 5};  // 定义待排序数组
    int i, j;
    printf("Before sort: \n");
    for (i=0; i < 10; i++)                       // 输出排序前数组
    {
        printf("%d", Array[i]);
    }
    printf("\n");
    Bubble(Array);                               // 调用汇编
    printf("After sort: \n");
    for (j=0; j < 10; j++)
    {
        printf("%d", Array[j]);
    }
    printf("\n");
    system("pause");
    return 0;
}
```

在本段代码中定义了一个长度为 10 的数组，数组中存放 10 个待排序的整型数。通过调用 x86 汇编函数 Bubble()实现冒泡排序，主函数向汇编函数传入的参数为待排序数组的初始地址。

（10）编写 Bubble.asm 文件，文件内容如下。

```
; Win32 程序只有 flat 一种内存模式，代码和数据使用同一个 4GB 段
.model flat, c
; 定义代码段
.code
    ; 定义子程序
    Bubble proc
    ; ebp 寄存器指向当前栈帧(main()函数)的栈底
    ; 参数入栈后，将 main()函数的 ebp 压栈
    push ebp
    ; esp 寄存器指向当前栈帧(main()函数)的栈顶
```

```
    ; 将 esp 赋值给 ebp，使 ebp 指向 main()函数的栈顶
    mov ebp, esp
sort:
    ; 取参数，即数组的初始地址，存入 ebx 寄存器
    mov ebx, [ebp+8]
    ; 总计数器数值初始化为 10
    mov eax, 10

loop1:
    ; 为外层计数器 ecx 初始化
    mov ecx, eax
    ; 外层计数器减 1
    dec ecx
    ; 为内层计数器 edx 初始化
    mov edx, ecx
    ; esi 寄存器存放偏移地址
    mov esi, 0
loop2:
    ; ecx 存放前值
    mov ecx, [ebx+esi]
    ; 比较前值与后值的大小
    cmp ecx, [ebx+esi+4]
    ; 若前值小于后值，则无须交换，跳转至 loop3
    jl loop3
    ; 后值与前值交换
    xchg ecx, [ebx+esi+4]
    ; 后值与前值交换
    mov [ebx+esi], ecx

loop3:
    ; 偏移地址加 4
    add esi, 4
    ; 内层计数器减 1
    dec edx
    ; 内层计数器不为 0，则跳转至 loop2 继续内层循环
    jnz loop2
    ; 总计数器减 1
    dec eax
    ; 比较总计数器与 1 的关系
    cmp eax, 1
    ; 总计数器不为 1，则跳转至 loop1 继续外层循环
```

```
jnz loop1
; 恢复 main() 函数栈帧
pop ebp
; esp 指向的值存储到 eip(CPU 即将执行的指令地址)
; 并且暗含地将 esp 加 4，将栈顶缩小 4 个字节
ret
; 子程序结束
Bubble endp
End
```

编写完成后保存并退出。

(11) 编写完成后，按 Ctrl+F5 键编译并运行，结果如图 12.11 所示。

```
D:\Program Files\Microsoft Visual Studio\2022\Community\Code\BubbleSort\Debug\BubbleSort.exe
Before sort:
1 9 7 6 4 3 0 2 8 5
After sort:
0 1 2 3 4 5 6 7 8 9
请按任意键继续. . .
```

图 12.11　冒泡排序程序运行结果

12.4.2　迁移流程

本小节使用鲲鹏代码迁移工具对冒泡排序的 x86 汇编代码进行迁移分析，操作步骤如下。

(1) 按照 7.4.1 小节介绍的方法为云服务器配置弹性公网 IP，以便安装鲲鹏代码迁移工具并进行代码迁移。为了减少开销，本实验结束后，可将弹性公网 IP 释放。

(2) 在浏览器中进入鲲鹏社区官网，在上方的菜单栏中依次选择“开发者”“鲲鹏开发套件 DevKit”进入鲲鹏开发套件 DevKit 首页，单击“查看文档”并在文档中找到代码迁移工具的“安装”板块，依照文档中的操作步骤安装鲲鹏代码迁移工具 Porting-advisor。

(3) 鲲鹏代码迁移工具安装完成后，打开浏览器在地址栏输入 https://云服务器的公网 IP：端口号，本小节使用的服务器公网 IP 为 119.3.164.140，端口号为 8084。登录界面如图 12.12 所示。

用户名默认为 portadmin，密码在初次登录时自行设置，设置完成后重新输入密码，单击“登录”，进入鲲鹏代码迁移工具主界面，如图 12.13 所示。

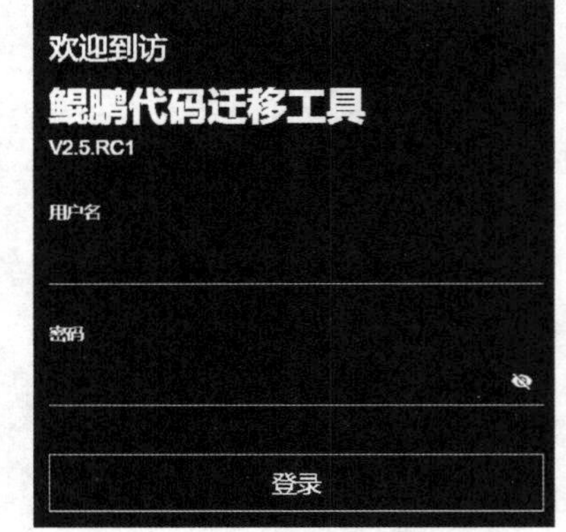

图 12.12　鲲鹏代码迁移工具登录界面

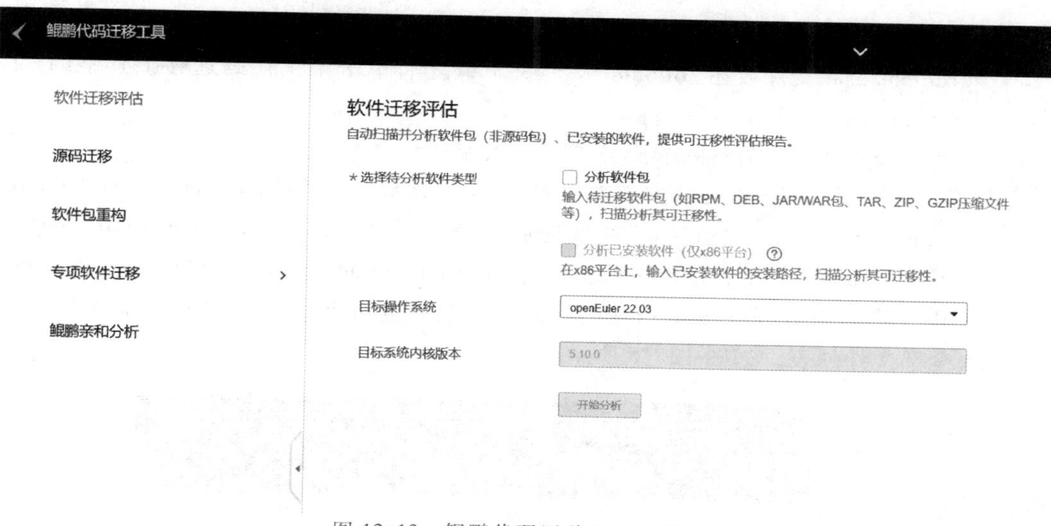

图 12.13 鲲鹏代码迁移工具主界面

（4）选择左侧的源码迁移，进入源码迁移界面，如图 12.14 所示。

分析源码

检查分析C/C++/Fortran/Go/解释型语言/汇编等源码文件，定位出需迁移代码并给出迁移指导，支持迁移编辑及一键代码替换功能。

* 源码文件存放路径　/opt/portadv/portadmin/sourcecode/

Bubble　上传

上传成功

* 源码类型　C/C++/ASM　Fortran　Go　解释型语言

汇编不支持迁移修改后再次扫描；如果扫描，会导致分析结果不准确。

目标操作系统　openEuler 20.03

目标系统内核版本　4.19.90

编译器版本　BiSheng Compiler 2.1.0

构建工具　make

* 编译命令　make

编译命令需根据构建工具配置文件确定，具体请参考联机帮助。

开始分析

图 12.14 源码迁移界面

(5) 在个人计算机任意路径下新建文件夹，命名为“Bubble”，将 Bubble. asm 文件放在“Bubble”文件夹下，之后单击鲲鹏代码迁移工具中的“上传”选项，将“Bubble”文件夹上传。

(6) 登录华为鲲鹏云服务器，进入控制台。

(7) 代码迁移工具中，源文件的默认存放目录为“opt/portadv/portadmin/sourcecode”，上传“Bubble”文件夹后目录变更为“opt/portadv/portadmin/sourcecode/Bubble”，在命令行中输入命令 cd /opt/portadv/portadmin/sourcecode/Bubble，进入到 Bubble. asm 所在的目录下，然后运行 ls 命令，显示当前路径下的全部文件列表，如图 12. 15 所示。

```
[root@kunpeng Bubble]# cd /opt/portadv/portadmin/sourcecode/Bubble
[root@kunpeng Bubble]# ls
Bubble.asm
[root@kunpeng Bubble]#
```

图 12. 15　Bubble 目录

(8) 在命令行中输入命令 chmod 777 Bubble. asm，修改 Bubble. asm 文件权限，然后运行 ls 命令，显示当前路径下的全部文件列表，Bubble. asm 文件名为绿色，则证明文件权限修改成功，如图 12. 16 所示。

```
[root@kunpeng Bubble]# chmod 777 Bubble.asm
[root@kunpeng Bubble]# ls
Bubble.asm
[root@kunpeng Bubble]#
```

图 12. 16　文件权限修改

(9) 回到鲲鹏代码迁移工具中，操作系统选择“openEuler 20. 03”，单击“开始分析”进行分析。分析报告生成后会出现在界面右侧的历史报告中，选择“下载报告(. html)”，如图 12. 17 所示。

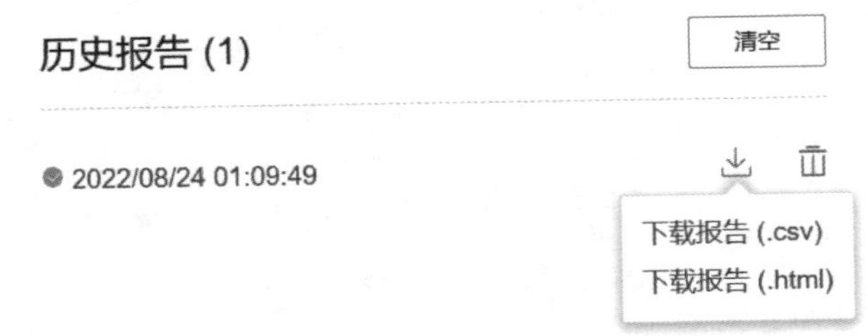

图 12. 17　下载分析报告

(10) 下载完成后，在浏览器中打开报告，左侧为本次代码迁移的配置信息，如图 12. 18 所示。

(11) 单击图 12. 18 上方的“源码迁移建议”查看原始源代码以及各指令的迁移建议，如图 12. 19 所示。鼠标指针停放在红色波浪线上即可查看该条指令的迁移建议。

迁移报告　源码迁移建议

配置信息

源码文件存放路径	/opt/portadv/portadmin/sourcecode/Bubble
目标操作系统	openEuler 20.03
目标系统内核版本	4.19.90
编译器版本	BiSheng Compiler 2.1.0
构建工具	make
编译命令	make
迁移结果	源码迁移分析成功

图 12.18　迁移报告

原始源代码

```
;flat：代码和数据使用同一个4GB段，Win32程序，只有flat一种内存模式
.model flat, c
;定义代码段
.code
    ;定义子程序
    Bubble proc
    ;ebp寄存器指向当前栈帧（main函数）的栈底
    ;参数入栈后，将main函数的ebp压栈
    push ebp
    ;esp寄存器指向当前栈帧（main函数）的栈顶
    ;将esp赋值给ebp，使ebp指向main函数的栈顶
    mov ebp, esp
sort:
    ;取参数，即数组的初始地址，存入ebx寄存器
    mov ebx, [ebp + 8]
    ;总计数器数值初始化为10
    mov eax, 10

loop1:
    ;为外层计数器ecx初始化
    mov ecx, eax
    ;外层计数器减1
    dec ecx
    ;为内层计数器edx初始化
    mov edx, ecx
    ;esi寄存器存放偏移地址
    mov esi, 0
loop2:
    ;ecx存放前值
    mov ecx, [ebx + esi]
    ;比较前值与后值的大小
    cmp ecx, [ebx + esi + 4]
    ;若前值小于后值，则无须交换，跳转至loop3
    jl loop3
    ;后值与前值交换
    xchg ecx, [ebx + esi + 4]
    ;后值与前值交换
    mov [ebx + esi], ecx

loop3:
    ;偏移地址加4
    add esi, 4
    ;内层计数器减1
    dec edx
    ;内层计数器不为0，则跳转至loop2继续内层循环
    jnz loop2
    ;总计数器减1
    dec eax
    ;比较总计数器与1的关系
    cmp eax, 1
    ;总计数器不为1，则跳转至loop1继续外层循环
    jnz loop1
    ;恢复main函数栈帧
    pop ebp
    ;esp指向的值存储到eip（CPU即将执行的指令地址）
    ;并且暗含地将esp加4，将栈顶缩小4个字节
    ret
    ;子程序结束
    Bubble endp
    End
```

图 12.19　迁移建议

获取迁移建议后，接下来对迁移报告给出的迁移建议按指令进行分析。

(12) push ebp、pop ebp：迁移建议分别如图 12.20 和图 12.21 所示。

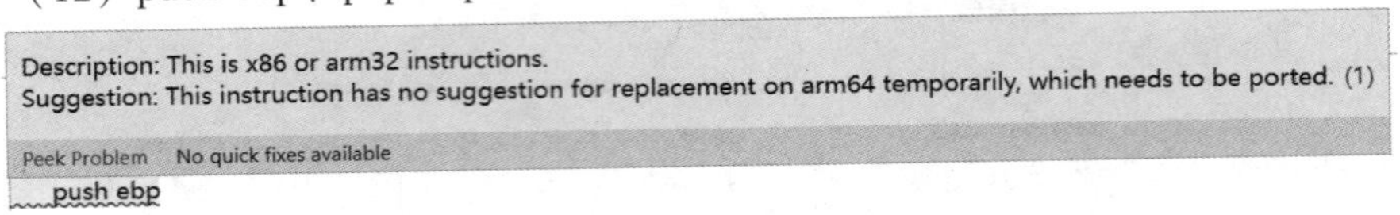

```
Description: This is x86 or arm32 instructions.
Suggestion: This instruction has no suggestion for replacement on arm64 temporarily, which needs to be ported. (1)
Peek Problem    No quick fixes available
push ebp
```

图 12.20　push 指令迁移

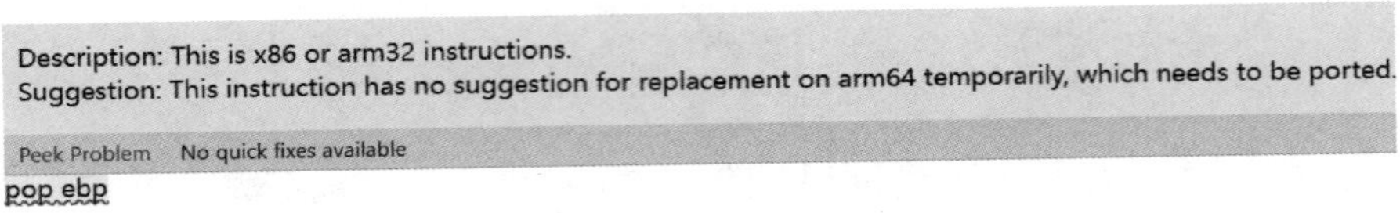

```
Description: This is x86 or arm32 instructions.
Suggestion: This instruction has no suggestion for replacement on arm64 temporarily, which needs to be ported.
Peek Problem    No quick fixes available
pop ebp
```

图 12.21　pop 指令迁移

图 12.20 中的(1)代表这是第一条修改建议。

说明：该指令为 x86 或 ARM32 指令。

建议：该指令暂时没有在鲲鹏处理器上更换的建议，该指令需要移植。

(13) mov ebp, esp：迁移建议如图 12.22 所示。

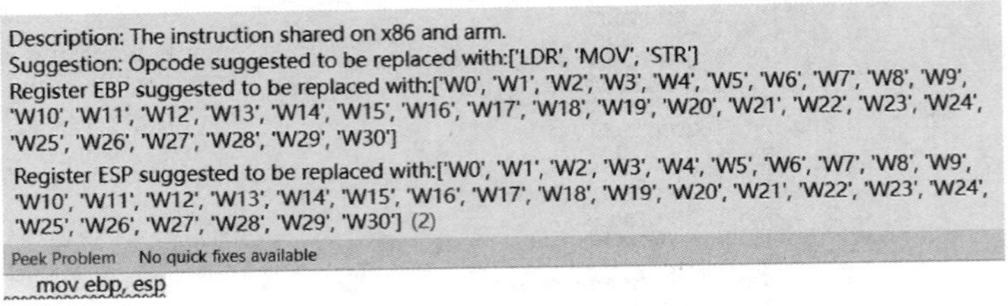

```
Description: The instruction shared on x86 and arm.
Suggestion: Opcode suggested to be replaced with:['LDR', 'MOV', 'STR']
Register EBP suggested to be replaced with:['W0', 'W1', 'W2', 'W3', 'W4', 'W5', 'W6', 'W7', 'W8', 'W9',
'W10', 'W11', 'W12', 'W13', 'W14', 'W15', 'W16', 'W17', 'W18', 'W19', 'W20', 'W21', 'W22', 'W23', 'W24',
'W25', 'W26', 'W27', 'W28', 'W29', 'W30']
Register ESP suggested to be replaced with:['W0', 'W1', 'W2', 'W3', 'W4', 'W5', 'W6', 'W7', 'W8', 'W9',
'W10', 'W11', 'W12', 'W13', 'W14', 'W15', 'W16', 'W17', 'W18', 'W19', 'W20', 'W21', 'W22', 'W23', 'W24',
'W25', 'W26', 'W27', 'W28', 'W29', 'W30'] (2)
Peek Problem    No quick fixes available
mov ebp, esp
```

图 12.22　mov 指令迁移

说明：该指令为 x86 和 ARM 上共享的指令。

建议：操作码建议替换为：['LDR', 'MOV', 'STR']。

寄存器 EBP 建议替换为：['W0', 'W1', 'W2', 'W3', 'W4', 'W5', 'W6', 'W7', 'W8', 'W9', ' W10', 'W11', 'W12', 'W13', 'W14', 'W15', 'W16', 'W17', 'W18', 'W19', 'W20', 'W21', 'W22' , 'W23', 'W24', 'W25', 'W26', 'W27', 'W28', 'W29', 'W30']。

寄存器 ESP 建议替换为：['W0', 'W1', 'W2', 'W3', 'W4', 'W5', 'W6', 'W7', 'W8', 'W9', ' W10', 'W11', 'W12', 'W13', 'W14', 'W15', 'W16', 'W17', 'W18', 'W19', 'W20', 'W21', 'W22' , 'W23', 'W24', 'W25', 'W26', 'W27', 'W28', 'W29', 'W30']。

(14) dec ecx：迁移建议如图 12.23 所示。

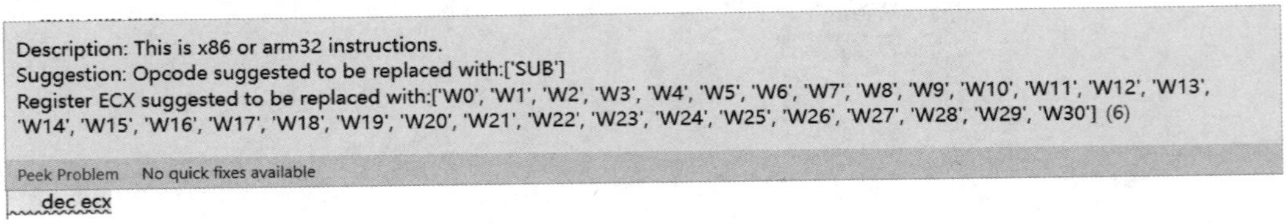

```
Description: This is x86 or arm32 instructions.
Suggestion: Opcode suggested to be replaced with:['SUB']
Register ECX suggested to be replaced with:['W0', 'W1', 'W2', 'W3', 'W4', 'W5', 'W6', 'W7', 'W8', 'W9', 'W10', 'W11', 'W12', 'W13',
'W14', 'W15', 'W16', 'W17', 'W18', 'W19', 'W20', 'W21', 'W22', 'W23', 'W24', 'W25', 'W26', 'W27', 'W28', 'W29', 'W30'] (6)
Peek Problem    No quick fixes available
dec ecx
```

图 12.23　dec 指令迁移

说明：该指令为 x86 或 ARM32 指令。

建议：操作码建议替换为：['SUB']。

寄存器 ECX 建议替换为：['W0', 'W1', 'W2', 'W3', 'W4', 'W5', 'W6', 'W7', 'W8', 'W9', ' W10', 'W11', 'W12', 'W13', 'W14', 'W15', 'W16', 'W17', 'W18', 'W19', 'W20', 'W21', 'W22', 'W23', 'W24', 'W25', 'W26', 'W27', 'W28', 'W29', 'W30']。

(15) cmp ecx, [ebx+esi+4]：迁移建议如图 12.24 所示。

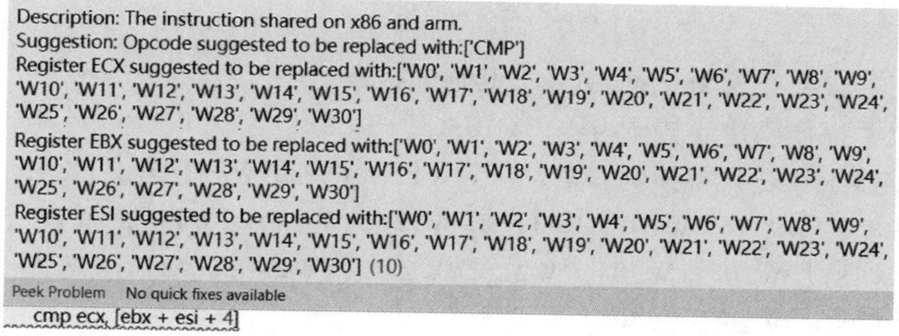

Description: The instruction shared on x86 and arm.
Suggestion: Opcode suggested to be replaced with:['CMP']
Register ECX suggested to be replaced with:['W0', 'W1', 'W2', 'W3', 'W4', 'W5', 'W6', 'W7', 'W8', 'W9', 'W10', 'W11', 'W12', 'W13', 'W14', 'W15', 'W16', 'W17', 'W18', 'W19', 'W20', 'W21', 'W22', 'W23', 'W24', 'W25', 'W26', 'W27', 'W28', 'W29', 'W30']
Register EBX suggested to be replaced with:['W0', 'W1', 'W2', 'W3', 'W4', 'W5', 'W6', 'W7', 'W8', 'W9', 'W10', 'W11', 'W12', 'W13', 'W14', 'W15', 'W16', 'W17', 'W18', 'W19', 'W20', 'W21', 'W22', 'W23', 'W24', 'W25', 'W26', 'W27', 'W28', 'W29', 'W30']
Register ESI suggested to be replaced with:['W0', 'W1', 'W2', 'W3', 'W4', 'W5', 'W6', 'W7', 'W8', 'W9', 'W10', 'W11', 'W12', 'W13', 'W14', 'W15', 'W16', 'W17', 'W18', 'W19', 'W20', 'W21', 'W22', 'W23', 'W24', 'W25', 'W26', 'W27', 'W28', 'W29', 'W30'] (10)
Peek Problem No quick fixes available
cmp ecx, [ebx + esi + 4]

图 12.24 cmp 指令迁移

说明：该指令为 x86 和 ARM 上共享的指令。

建议：操作码建议替换为：['CMP']。

寄存器 ECX 建议替换为：['W0', 'W1', 'W2', 'W3', 'W4', 'W5', 'W6', 'W7', 'W8', 'W9', ' W10', 'W11', 'W12', 'W13', 'W14', 'W15', 'W16', 'W17', 'W18', 'W19', 'W20', 'W21', 'W22', 'W23', 'W24', 'W25', 'W26', 'W27', 'W28', 'W29', 'W30']。

寄存器 EBX 建议替换为：['W0', 'W1', 'W2', 'W3', 'W4', 'W5', 'W6', 'W7', 'W8', 'W9', ' W10', 'W11', 'W12', 'W13', 'W14', 'W15', 'W16', 'W17', 'W18', 'W19', 'W20', 'W21', 'W22', 'W23', 'W24', 'W25', 'W26', 'W27', 'W28', 'W29', 'W30']。

寄存器 ESI 建议替换为：['W0', 'W1', 'W2', 'W3', 'W4', 'W5', 'W6', 'W7', 'W8', 'W9', ' W10', 'W11', 'W12', 'W13', 'W14', 'W15', 'W16', 'W17', 'W18', 'W19', 'W20', 'W21', 'W22', 'W23', 'W24', 'W25', 'W26', 'W27', 'W28', 'W29', 'W30']。

(16) jl loop3、jnz loop2：迁移建议分别如图 12.25 和图 12.26 所示。

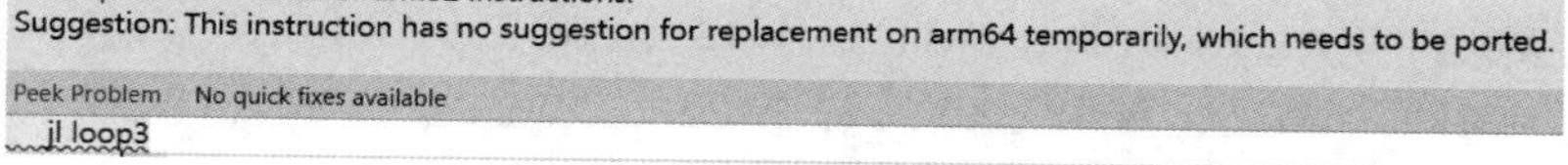

Description: This is x86 or arm32 instructions.
Suggestion: This instruction has no suggestion for replacement on arm64 temporarily, which needs to be ported.
Peek Problem No quick fixes available
jl loop3

图 12.25 jl 指令迁移

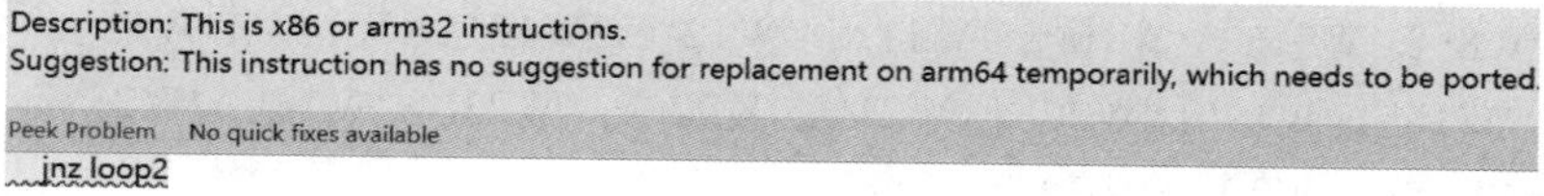

Description: This is x86 or arm32 instructions.
Suggestion: This instruction has no suggestion for replacement on arm64 temporarily, which needs to be ported.
Peek Problem No quick fixes available
jnz loop2

图 12.26 jnz 指令迁移

说明：该指令为 x86 或 ARM32 指令。

建议：该指令暂时没有在鲲鹏处理器上更换的建议，该指令需要移植。

（17）add esi，4：迁移建议如图 12.27 所示。

```
Description: The instruction shared on x86 and arm.
Suggestion: Opcode suggested to be replaced with:['ADDS']
Register ESI suggested to be replaced with:['W0', 'W1', 'W2', 'W3', 'W4', 'W5', 'W6', 'W7', 'W8', 'W9', 'W10', 'W11',
'W15', 'W16', 'W17', 'W18', 'W19', 'W20', 'W21', 'W22', 'W23', 'W24', 'W25', 'W26', 'W27', 'W28', 'W29', 'W30'] (14)
Peek Problem    No quick fixes available
add esi,4
```

图 12.27　add 指令迁移

说明：该指令为 x86 和 ARM 上共享的指令。

建议：操作码建议替换为：['ADDS']。

寄存器 ESI 建议替换为：['W0'，'W1'，'W2'，'W3'，'W4'，'W5'，'W6'，'W7'，'W8'，'W9'，' W10'，'W11'，'W12'，'W13'，'W14'，'W15'，'W16'，'W17'，'W18'，'W19'，'W20'，'W21'，'W22'，'W23'，'W24'，'W25'，'W26'，'W27'，'W28'，'W29'，'W30']。

（18）xchg ecx，[ebx+esi+4]：迁移建议如图 12.28 所示。

```
Description: This is x86 or arm32 instructions.
Suggestion: Opcode suggested to be replaced with:['SWP']
Register ECX suggested to be replaced with:['W0', 'W1', 'W2', 'W3', 'W4', 'W5', 'W6', 'W7', 'W8', 'W9',
'W10', 'W11', 'W12', 'W13', 'W14', 'W15', 'W16', 'W17', 'W18', 'W19', 'W20', 'W21', 'W22', 'W23', 'W24',
'W25', 'W26', 'W27', 'W28', 'W29', 'W30']
Register EBX suggested to be replaced with:['W0', 'W1', 'W2', 'W3', 'W4', 'W5', 'W6', 'W7', 'W8', 'W9',
'W10', 'W11', 'W12', 'W13', 'W14', 'W15', 'W16', 'W17', 'W18', 'W19', 'W20', 'W21', 'W22', 'W23', 'W24',
'W25', 'W26', 'W27', 'W28', 'W29', 'W30']
Register ESI suggested to be replaced with:['W0', 'W1', 'W2', 'W3', 'W4', 'W5', 'W6', 'W7', 'W8', 'W9',
'W10', 'W11', 'W12', 'W13', 'W14', 'W15', 'W16', 'W17', 'W18', 'W19', 'W20', 'W21', 'W22', 'W23', 'W24',
'W25', 'W26', 'W27', 'W28', 'W29', 'W30'] (12)
Peek Problem    No quick fixes available
xchg ecx, [ebx + esi + 4]
```

图 12.28　xchg 指令迁移

说明：该指令为 x86 或 ARM32 指令。

建议：操作码建议替换为：['SWP']。

寄存器 ECX 建议替换为：['W0'，'W1'，'W2'，'W3'，'W4'，'W5'，'W6'，'W7'，'W8'，'W9'，' W10'，'W11'，'W12'，'W13'，'W14'，'W15'，'W16'，'W17'，'W18'，'W19'，'W20'，'W21'，'W22'，'W23'，'W24'，'W25'，'W26'，'W27'，'W28'，'W29'，'W30']。

寄存器 EBX 建议替换为：['W0'，'W1'，'W2'，'W3'，'W4'，'W5'，'W6'，'W7'，'W8'，'W9'，' W10'，'W11'，'W12'，'W13'，'W14'，'W15'，'W16'，'W17'，'W18'，'W19'，'W20'，'W21'，'W22'，'W23'，'W24'，'W25'，'W26'，'W27'，'W28'，'W29'，'W30']。

寄存器 ESI 建议替换为：['W0'，'W1'，'W2'，'W3'，'W4'，'W5'，'W6'，'W7'，'W8'，'W9'，' W10'，'W11'，'W12'，'W13'，'W14'，'W15'，'W16'，'W17'，'W18'，'W19'，'W20'，'W21'，'W22'，'W23'，'W24'，'W25'，'W26'，'W27'，'W28'，'W29'，'W30']。

x86 中的 xchg 指令为交换指令，迁移报告的建议是使用 swp 指令，swp 指令的功能与 xchg 指令相同，但该指令在 ARM v6 及之后的版本中就不再采用。因此在编写汇编代码时需要用一个中间寄存器来进行交换。

迁移报告分析完成后，接下来编写鲲鹏汇编代码，实现冒泡排序。

12.4.3 代码迁移

本小节根据迁移报告的建议，使用鲲鹏的 64 位汇编来实现冒泡排序，操作步骤如下。

（1）登录华为鲲鹏云服务器，进入控制台。

（2）在命令行中输入命令 cd /home，进入到“home”目录下。

（3）在命令行中依次输入命令 mkdir Bubblesort、cd Bubblesort，创建并进入“Bubblesort”文件夹。

（4）在命令行中输入命令 vim Bubble. c，创建并编写 Bubble. c 文件，内容如下。

```
#include <stdio.h>
#include <stdlib.h>
extern void Bubble(int *arr);                    // 声明外部函数 Bubble()
int main()
{
    int Array[10]={1, 9, 7, 6, 4, 3, 0, 2, 8, 5}; // 定义待排序数组
    int i, j;
    printf("Before sort: \n");
    for (i=0; i < 10; i++)                       // 输出排序前数组
    {
        printf("%d", Array[i]);
    }
    printf("\n");
    Bubble(Array);                               // 调用汇编
    printf("After sort: \n");
    for (j=0; j < 10; j++)
    {
        printf("%d", Array[j]);
    }
    printf("\n");
    return 0;
}
```

C 代码的内容与 12. 4. 1 小节的 C 代码一致，编写完成后保存并退出。

（5）在命令行中输入命令 vim Bubble. s，创建并编写 Bubble. s 文件，内容如下。

```
.global Bubble
Bubble:
    // x6 寄存器存放外层循环次数
    mov x6, #10
loop1:
    // x7 寄存器存放内层循环次数
    mov x7, x6
    // x0 寄存器存放待排序数组首地址
    sub x1, x0, #4
loop2:
    sub x7, x7, #1
    // x1 寄存器存放第一个待比较数的地址
    add x1, x1, #4
    // x2 寄存器存放第二个待比较数的地址
    add x2, x1, #4
    // w3 寄存器存放第一个待比较数
    ldr w3, [x1]
    // w4 寄存器存放第二个待比较数
    ldr w4, [x2]
    // 比较两数
    cmp w3, w4
    // w3 小于或等于 w4 时跳转至 next
    bls next
    //否则交换两数位置
    str w3, [x2]
    str w4, [x1]
next:
    // 比较 x7 与 1 的大小
    cmp x7, #1
    // x7 不为 1 时跳转至 loop2
    bne loop2
    //内层循环计数器 x6 自减
    sub x6, x6, #1
    //比较 x6 与 1 的大小
    cmp x6, #1
    // x6 不为 1 时跳转至 loop1
    bne loop1
ret
```

编写完成后保存并退出。

（6）在命令行中输入命令 gcc Bubble.s Bubble.c -o Bubble，编译生成可执

行文件 Bubble。

（7）在命令行中输入命令 ./Bubble，运行排序程序，如图 12.29 所示。

```
[root@kunpeng Bubblesort]# gcc Bubble.s Bubble.c -o Bubble
[root@kunpeng Bubblesort]# ./Bubble
Before sort:
1 9 7 6 4 3 0 2 8 5
After sort:
0 1 2 3 4 5 6 7 8 9
[root@kunpeng Bubblesort]#
```

图 12.29 冒泡排序程序运行结果

从图 12.29 中可以看出冒泡排序程序运行成功，代码迁移成功。

12.5 思考题

本章案例的迁移程序使用了 C 调用汇编的方式，迁移的部分为汇编文件。请思考对 C 内嵌汇编代码的迁移过程。

C 内嵌 x86 汇编的程序 Multi.c 已给出，内容如下。

```
#include <stdio.h>
int main()
{
    int data1=100;
    int data2=200;
    int result;

    asm (
        "imul %%edx, %%ecx\n\t"
        "movl %%ecx, %%eax"
        : "=a"(result)
        : "d"(data1), "c"(data2)
    );

    printf("The result is %d\n", result);
    return 0;
}
```

要求：在 x86 平台上运行程序并观察结果，接着使用鲲鹏代码迁移工具对程序进行迁移分析，根据迁移报告的修改建议再编写一份在鲲鹏平台上运行的代码，并观察两次不同环境运行的结果，查看迁移效果。

附录 A　华为云实验环境搭建

本附录将依次介绍华为云服务器的购买、登录、关闭和删除。

A.1　云服务器购买

在浏览器中进入华为云官网。单击右上角“登录”，登录华为云账号。在首页上方菜单栏中选择“产品”，找到弹性云服务器 ECS 并进入弹性云服务器 ECS 页面，选择“立即购买”。弹性云服务器购买时的基础配置选项如图 A.1 所示。

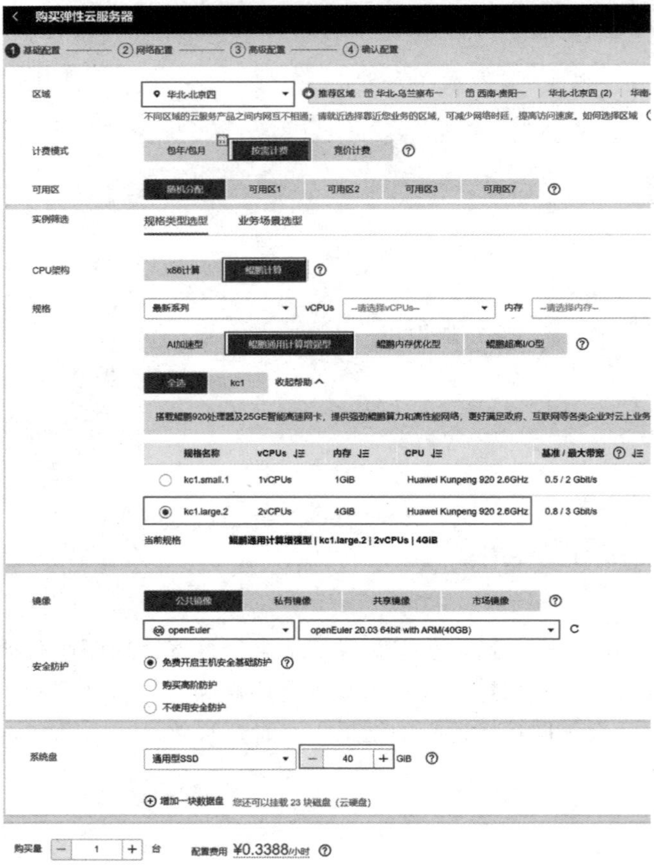

图 A.1　基础配置

基础配置中，计费模式建议选择按需计费，按需计费是后付费模式，按弹性云服务器的实际使用时长计费，可以随时开通/删除弹性云服务器。区域可自由选择，本例中选择的是华北-北京四，不同区域的价格有细微差别。在架构选型中，需要选择鲲鹏计算中的鲲鹏通用计算增强型，虚拟处理器数量（vCPUs）建议选择两核或两核以上，内存不少于4GiB，本例中选择的规格为“kc1. large. 2”。操作系统需选择公共镜像中的openEuler 20.03 64bit with ARM（40 GB），系统盘的选择不少于40 GiB。

配置完成后单击右下角“下一步”，进行网络配置。网络配置中的相关选项如图A.2所示。虚拟私有云与安全组均选择默认项即可，弹性公网IP选择暂不购买。

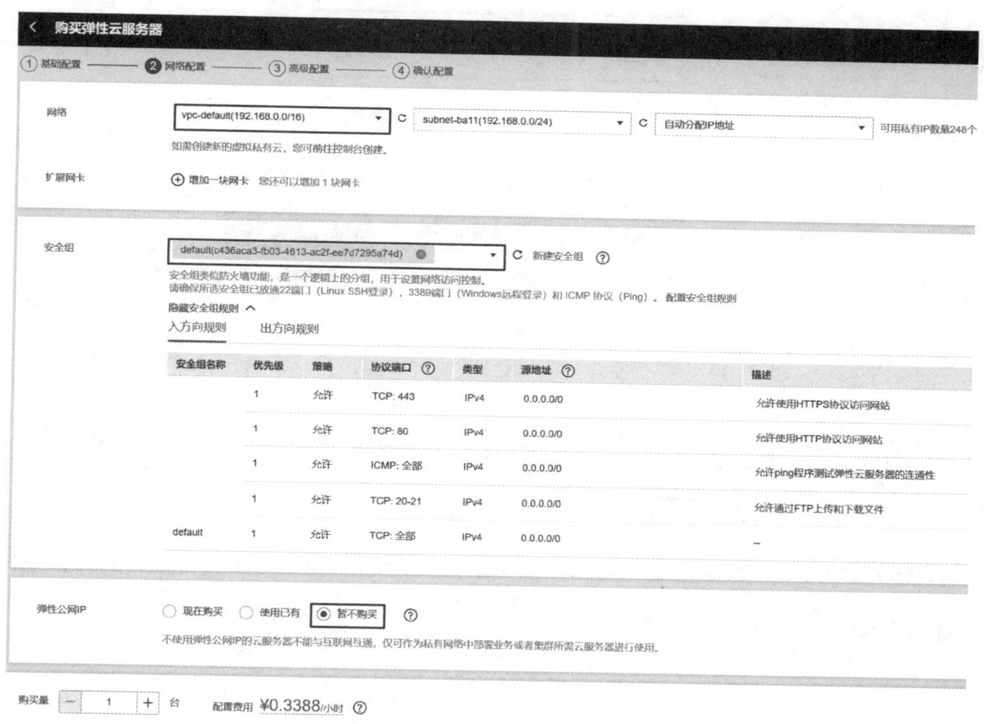

图A.2　网络配置

网络配置完成后，单击右下角“下一步”，进入高级配置，设置云服务器名称并配置密码，如图A.3所示。

高级配置完成后，单击右下角“确认配置”，进入确认配置界面。勾选“我已经阅读并同意《镜像免责声明》”，如图A.4所示。

①基础配置 —— ②网络配置 —— ③高级配置 —— ④确认配置

云服务器名称　KunPeng　□允许重名

购买多台云服务器时，支持自动增加数字后缀命名或者自定义规则命名。

登录凭证　密码　密钥对　创建后设置

用户名　root

密码　请牢记密码，如忘记密码可登录ECS控制台重置密码。

确认密码

云备份　使用云备份服务，需购买备份存储库，存储库是存放服务器产生的备份副本的容器。

现在购买　使用已有　暂不购买

备份可以帮助您在服务器故障时恢复数据，为了您的数据安全，强烈建议您启用备份。

图 A.3　高级配置

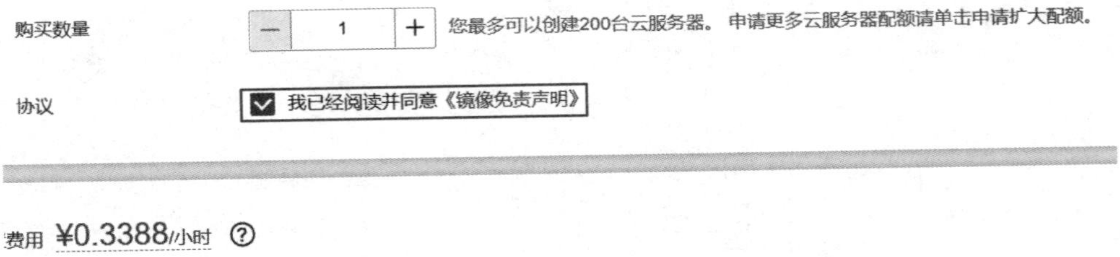

购买数量　1　您最多可以创建200台云服务器。申请更多云服务器配额请单击申请扩大配额。

协议　我已经阅读并同意《镜像免责声明》

费用 ¥0.3388/小时

图 A.4　确认配置

确认配置无误后，单击右下角"立即购买"，至此鲲鹏云服务器购买完成。按照如上推荐配置购买云服务器，开机状态下每小时的开销约为 0.34 元。

A.2　云服务器登录

在华为云首页上方找到控制台，单击进入控制台界面，如图 A.5 所示。

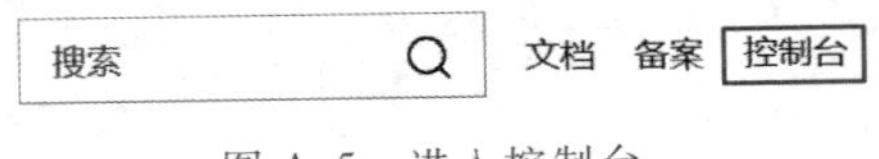

图 A.5　进入控制台

选择弹性云服务器 ECS，如图 A.6 所示。

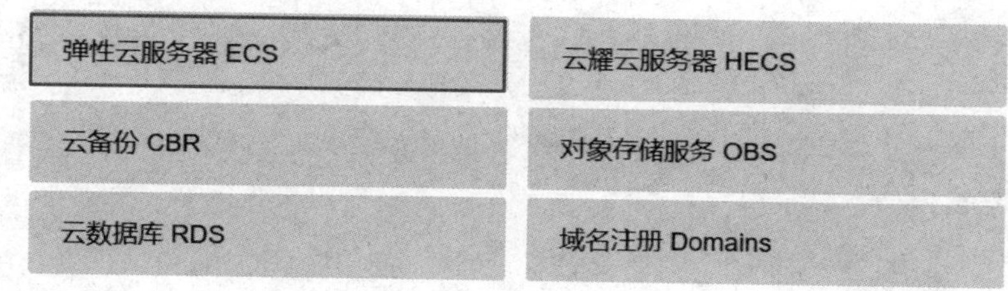

图 A.6 选择弹性云服务器 ECS

查看服务器状态，如果是运行中，选择远程登录；如果是关机状态，单击左侧开机按钮，开机后再选择远程登录，如图 A.7 所示。

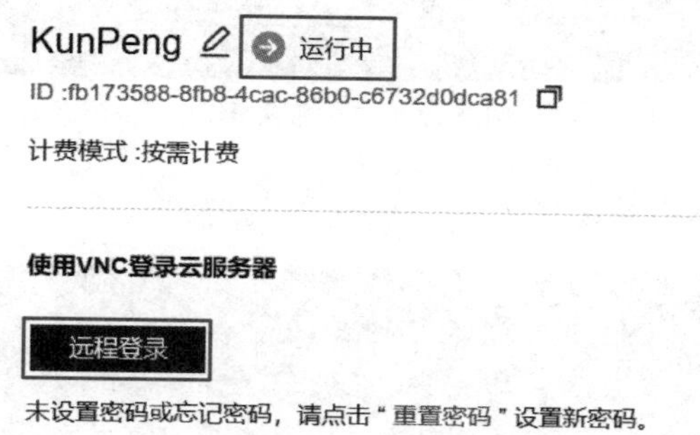

图 A.7 云服务器状态

选择登录方式为 CloudShell 登录，CloudShell 登录无须使用公网 IP，支持复制粘贴等便捷操作，如图 A.8 所示。

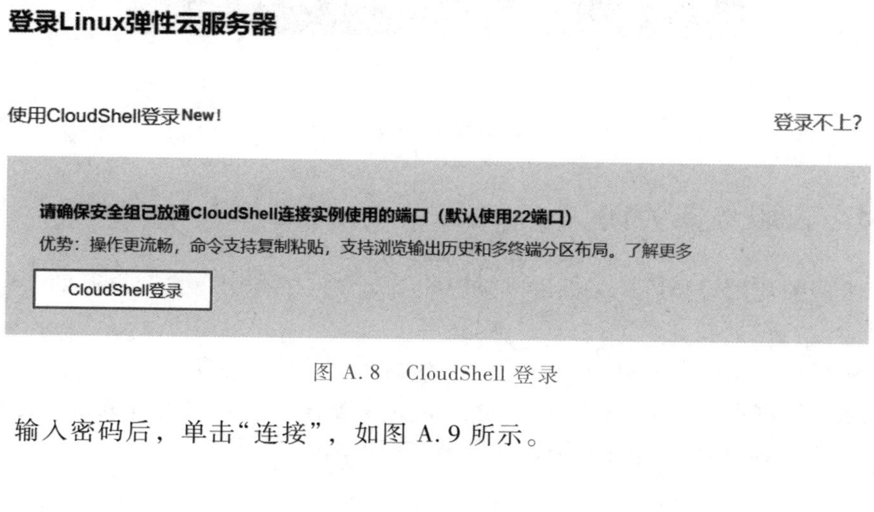

登录Linux弹性云服务器

使用CloudShell登录New!

登录不上?

请确保安全组已放通CloudShell连接实例使用的端口（默认使用22端口）

优势：操作更流畅，命令支持复制粘贴，支持浏览输出历史和多终端分区布局。了解更多

CloudShell登录

图 A.8 CloudShell 登录

输入密码后，单击"连接"，如图 A.9 所示。

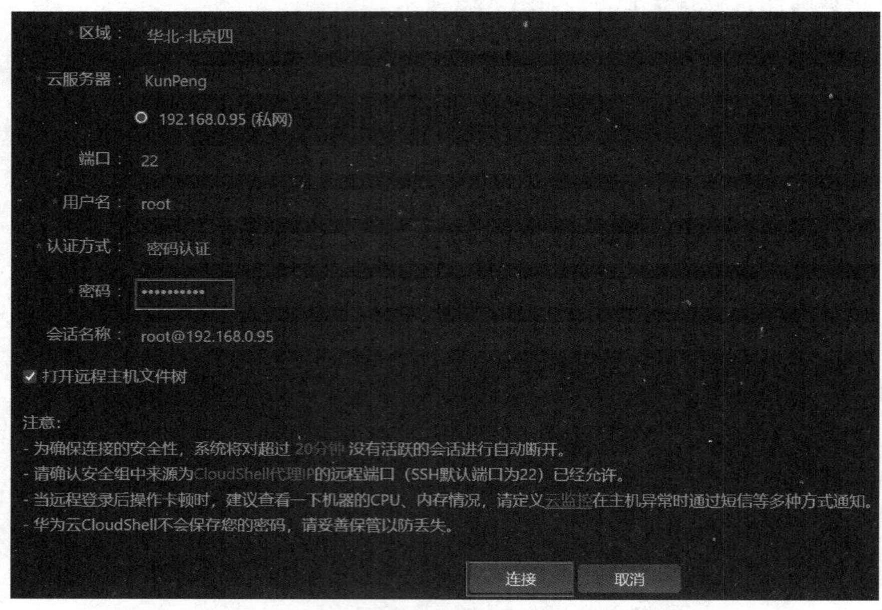

图 A.9　连接服务器

连接成功后，进入命令行界面，如图 A.10 所示。

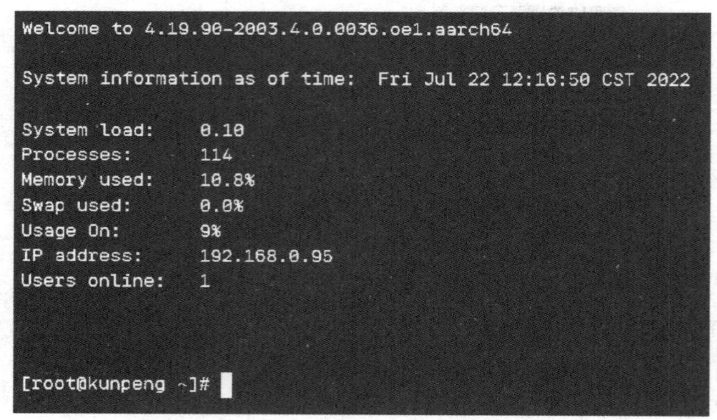

图 A.10　服务器连接成功

成功登录云服务器，接下来可以进行相关实验的学习。

A.3　云服务器关闭

云服务使用完毕后，关机可以减少开销。在控制台中，找到自己的云服务器，单击“关机”按钮，如图 A.11 所示。

关机后，基础资源(vCPUs、内存、镜像)不再计费，绑定的云硬盘(包括系统盘、数据盘)、弹性公网 IP、带宽等资源按各自产品的计费方法(“包年/包月”或“按需计费”)进行收费，如图 A.12 所示。

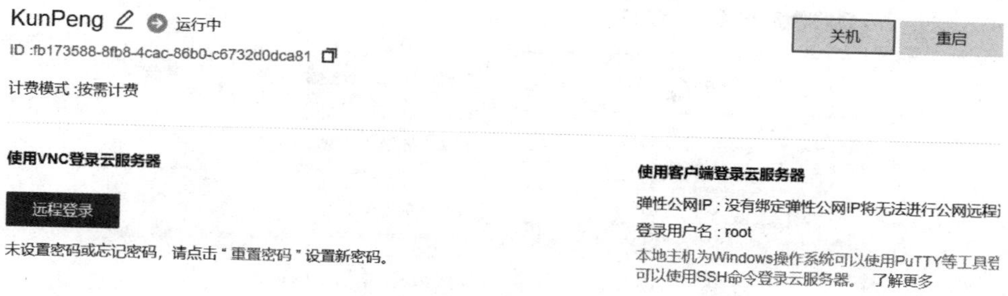

KunPeng 运行中
ID :fb173588-8fb8-4cac-86b0-c6732d0dca81
计费模式 :按需计费
关机
重启
使用VNC登录云服务器
远程登录
未设置密码或忘记密码，请点击“重置密码”设置新密码。
使用客户端登录云服务器
弹性公网IP：没有绑定弹性公网IP将无法进行公网远程
登录用户名：root
本地主机为Windows操作系统可以使用PuTTY等工具登
可以使用SSH命令登录云服务器。 了解更多

图 A. 11　控制台关闭云服务器

关机
确定要对以下 1台云服务器 进行关机操作吗?
名称 | 状态 | 备注
KunPeng | 运行中 | 关机不计费
(关机不计费实例：1台；关机计费实例：0台)
1. “关机不计费”的实例关机后：
• 基础资源（vCPU、内存、收费镜像）不计费。
• 绑定的其他资源（云硬盘、带宽）正常计费。
• 基础资源（vCPU、内存）不再保留，当再次启动云服务器时，可能由于资源不足无法正常开机，请耐心等待，稍后再试。
• 基于专属资源或边缘可用区创建的实例，基础资源（vCPU、内存）仍会保留。
2. “关机计费”的实例关机后基础资源（vCPU、内存、收费镜像）和绑定的其他资源（云硬盘、带宽）均正常计费，如需停止计费，请删除实例及其绑定的资源。
* 关机方式　关机　强制关机
是
否

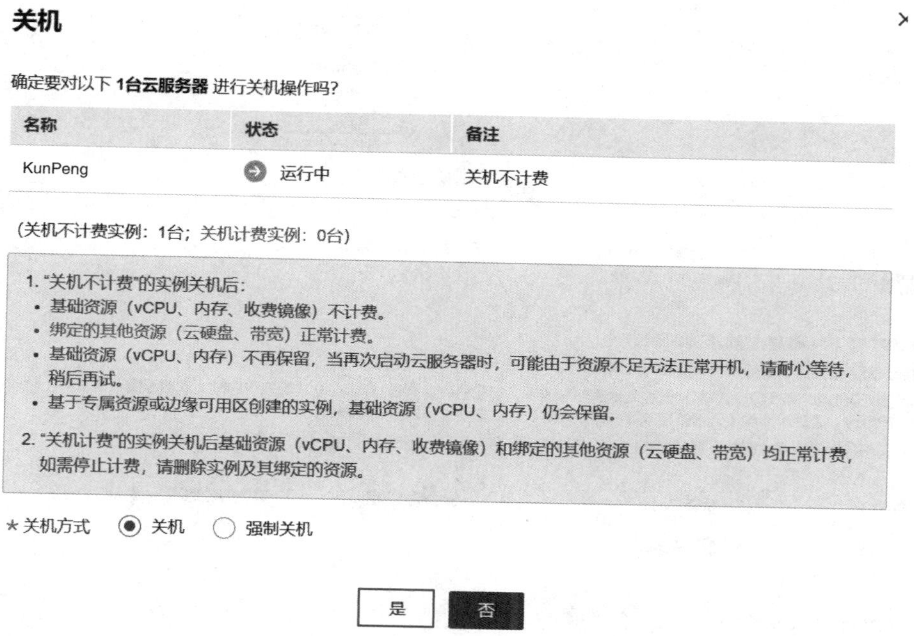

图 A. 12　关机

按照如上方法介绍，使用完毕后关闭云服务器，在关机状态下，云服务器每小时的开销减小为约 0. 04 元，费用主要由云硬盘产生。

A. 4　云服务器删除

如果无须使用云服务器，可以删除资源。首先进入控制台首页，找到弹性云服务器 ECS，进入管理页面，如图 A. 13 所示。

展开“更多”，选择“删除”，如图 A. 14 所示。

勾选“释放云服务器绑定的弹性公网 IP 地址”以及“删除云服务器挂载的数据盘”，确认无误后单击“是”，如图 A. 15 所示。至此，云服务器已删除，将不会产生任何费用。

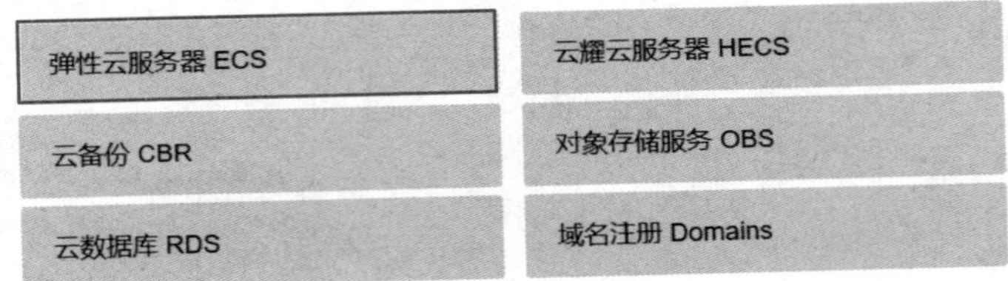

图 A.13　控制台进入弹性云服务器 ECS

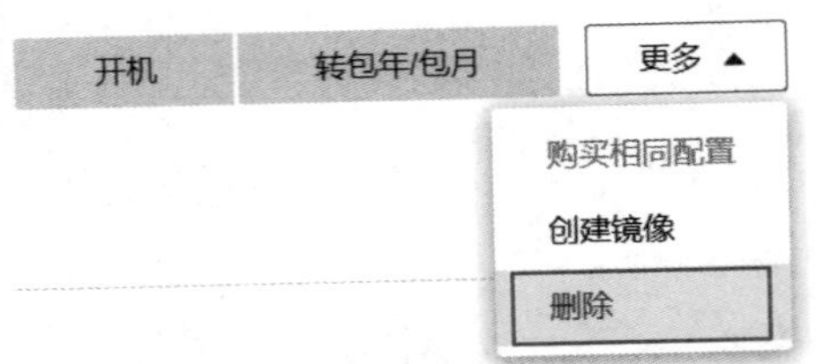

图 A.14　删除云服务器

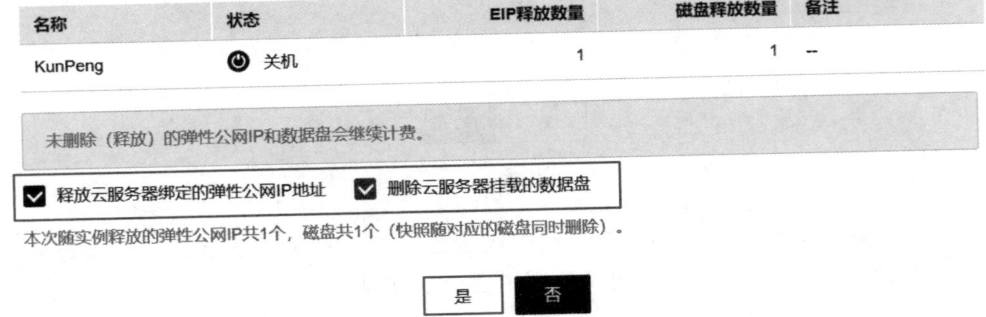

图 A.15　释放相关资源

附录 B　openEuler 常用命令

B.1　基本命令

1. 关机和重启

（1）关机命令

命令格式：

shutdown［选项］［时间］

poweroff

示例：

```
shutdown -h now            #立刻关机
shutdown -h 5              #5 分钟后关机
poweroff                   #立刻关机
```

（2）重启命令

命令格式：

shutdown［选项］［时间］

reboot

示例：

```
shutdown -r now            #立刻重启
shutdown -r 5              #5 分钟后重启
reboot                     #立刻重启
```

2. 帮助命令

命令格式：

help［选项］［对象］

man［选项］［对象］

示例：

```
help pwd          #查看 pwd 命令帮助信息
help -d pwd       #查看 pwd 命令简短的主题描述
help -s pwd       #查看 pwd 命令简短的语法描述
```

```
man 1 cd                    #查看 cd 命令帮助信息
```

help 命令只能显示 shell 内部的命令帮助信息，而对于外部命令的帮助信息要使用 man 命令查看。

B.2 目录操作命令

1. 目录切换命令

命令格式：cd［目录］

示例：

```
cd /                        #切换到根目录
cd /usr                     #切换到根目录下的 usr 目录
cd ..                       #切换到上一级目录
cd ~                        #切换到 home 目录
cd -                        #切换到上次访问的目录
```

2. 目录查看命令

命令格式：ls［选项］

示例：

```
ls              #查看当前目录下的所有目录和文件
ls -a           #查看当前目录下的所有目录和文件(包括隐藏的文件)
ls /dir1        #查看指定目录/dir1下的所有目录和文件
```

3. 目录操作命令

（1）创建目录

命令格式：mkdir［目录］

示例：

```
mkdir dir1                  #在当前目录下创建一个名为 dir1 的目录
mkdir /usr/dir1             #在指定目录/usr下创建一个名为 dir1 的目录
```

（2）删除目录或文件

命令格式：rm［选项］［目录］

示例：

```
# 删除文件:
rm file1                    #删除当前目录下的文件 file1
rm -f file1                 #强制删除当前目录下的文件 file1
# 删除目录:
rm -r dir1                  #递归删除当前目录下的 dir1 目录
rm -rf dir1                 #递归强制删除当前目录下的 dir1 目录
# 全部删除:
```

```
rm -rf *                     #将当前目录下的所有目录和文件全部删除
rm -rf /*                    #强制将根目录下的所有文件全部删除，慎用
```

注意：rm 不仅可以删除目录，也可以删除文件，为了方便记忆，无论删除任何目录或文件，都直接使用 rm-rf，其中-r 选项代表递归删除，即深入到各级子目录中执行删除工作，-f 选项代表不经询问直接强制删除。

（3）重命名目录

命令格式：mv [当前目录名] [新目录名]

示例：

```
mv dir1 dir2                 #将目录 dir1 重命名为 dir2
```

注意：mv 语法不仅可以对目录进行重命名，也可以对各种文件进行重命名。

（4）剪切目录

命令格式：mv [目录当前路径] [目录剪切的目标路径]

示例：

```
mv /usr/tmp/dir1 /usr  #将/usr/tmp 目录下的 dir1 目录剪切到/usr
目录
```

注意：mv 语法不仅可以对目录进行剪切操作，对文件也可执行剪切操作。

（5）复制目录

命令格式：cp [选项] [目录当前路径] [目录复制的目标路径]

示例：

```
cp -r /usr/tmp/dir1 /usr  #将/usr/tmp 目录下的 dir1 目录复制到/usr
目录
```

注意：cp 命令不仅可以复制目录还可以复制文件，此时不用写选项-r。

B.3 文件操作命令

1. 新建文件

命令格式：touch [文件名]

示例：

```
touch test                   #在当前目录创建一个名为 test 的文件
```

2. 删除文件

命令格式：rm -rf [文件名]

示例：

```
rm -rf file1                    #删除当前目录下的一个名为 file1 的文件
```

3. 修改文件

(1) 打开文件

命令格式：vim [文件名]

示例：

```
vim test.c                      #打开名为 test.c 的文件
```

(2) 编辑文件

使用 vim 编辑器打开文件后，并不能直接编辑，因为此时处于命令模式，需使用按键 i、a 或者 o 进入编辑模式。

i：在光标所在字符前开始插入；a：在光标所在字符后开始插入；o：在光标所在行的下方另起一新行插入。

(3) 保存文件

第一步：按下键盘的“Esc”键，进入命令行模式；

第二步：按下键盘的“:”键，进入底行模式；

第三步：按下键盘的“w”和“q”键，保存文件并退出。

(4) 取消改动并退出

第一步：按下键盘的“Esc”键，进入命令行模式；

第二步：按下键盘的“:”键，进入底行模式；

第三步：按下键盘的“q”和“!”键，撤销本次修改并退出。

4. 查看文件

命令格式：cat [参数] [文件名]

示例：

```
cat filename                    #查看 filename 内容
cat -n filename                 #查看文件的内容，并对所有输出行进行编号
cat filename | tail -n 100      #显示文件最后 100 行
cat filename | head -n 100      #显示文件前面 100 行
```

附录 C　鲲鹏处理器常用指令

C.1　字节数据加载指令 LDRB

LDRB 指令格式为：

```
LDR{条件}B 目的寄存器，<存储器地址>
```

LDRB 指令用于从存储器中将一个 8 位的字节数据传送到目的寄存器中，同时将寄存器的其余高位清零。

指令示例：

```
；将存储器地址为 R1 的字节数据读入寄存器 R0，并将 R0 的高位清零
LDRB R0，[R1]
```

C.2　半字数据加载指令 LDRH

LDRH 指令格式为：

```
LDR{条件}H 目的寄存器，<存储器地址>
```

LDRH 指令用于从存储器中将一个 16 位的半字数据传送到目的寄存器中，同时将寄存器的其余高位清零。

指令示例：

```
；将存储器地址为 R1 的半字数据读入寄存器 R0，并将 R0 的高 16 位清零
LDRH R0，[R1]
```

C.3　有符号半字数据加载指令 LDRSH

LDRSH 指令格式为：

```
LDR{条件}SH 目的寄存器，<存储器地址>
```

LDRSH 指令用于从存储器中将一个 16 位的有符号半字数据读取到目的寄存器中，并将寄存器的高 16 位设置成该半字数据符号位的值。

指令示例：

```
; 将存储器地址为 R1+3 的有符号的半字数据读取到 R0 中，R0 中高 16 位设置
; 成该半字数据的符号位
LDRSH R0, [R1, #3]
```

C.4　字数据加载指令 LDR

LDR 指令格式为：

```
LDR{条件} 目的寄存器, <存储器地址>
```

LDR 指令通常用于从存储器中读取 32 位的字数据到寄存器，然后对数据进行处理。当程序计数器 PC 作为目的寄存器时，从存储器中读取的字数据被当作目的地址，从而实现程序流程的跳转。

指令示例：

```
; 将存储器地址为 R1 的字数据读入寄存器 R0
LDR R0, [R1]
; 将存储器地址为 R1+8 的字数据读入寄存器 R0
LDR R0, [R1, #8]
```

C.5　有符号字数据加载指令 LDRSW

LDRSW 指令格式为：

```
LDR{条件}SW 目的寄存器, <存储器地址>
```

LDRSW 指令用于从存储器中读取一个 32 位字数据，写入一个 64 位目的寄存器，并将该寄存器的高 32 位设置成该字数据符号位的值。

指令示例：

```
; 将存储器地址为 R2+28 的字数据存入 R1 寄存器，并将其按符号位拓展到
; 64 位
LDRSW R1, [R2, #28]
```

C.6　字节数据存储指令 STRB

STRB 指令格式为：

```
STR{条件}B 源寄存器,<存储器地址>
```

STRB 指令用于从源寄存器中将一个 8 位的字节数据传送到存储器中。该字节数据为源寄存器中的低 8 位。

指令示例:

```
; 将寄存器 R0 中的字节数据写入以 R1 为地址的存储器
STRB R0, [R1]
```

C.7 半字数据存储指令 STRH

STRH 指令格式为:

```
STR{条件}H 源寄存器,<存储器地址>
```

STRH 指令用于从源寄存器中将一个 16 位的半字数据传送到存储器中。该半字数据为源寄存器中的低 16 位。

指令示例:

```
; 将寄存器 R0 中的半字数据写入以 R1 为地址的存储器
STRH R0, [R1]
```

C.8 字数据存储指令 STR

STR 指令格式为:

```
STR{条件} 源寄存器,<存储器地址>
```

STR 指令用于从源寄存器中将一个 32 位的字数据传送到存储器中。

指令示例:

```
; 将 R0 中的字数据写入以 R1 为地址的存储器,并将新地址 R1+8 写入 R1
STR R0, [R1, #8]!
```

C.9 LDP/STP 指令

LDP/STP 指令是 LDR/STR 指令的衍生,可以同时读/写两个寄存器,并访问 16 个字节的存储器数据。

指令示例:

```
; 读取地址 R1+16 后的 16 个字节的数据，将其写入 R3、R4 寄存器
LDP R3, R4, [R1, #16]
; 将 R3、R4 中的数据写入存储器地址 R0+16 后的 16 个字节
STP R3, R4, [R0, #16]
```

C.10　数据传送指令 MOV

MOV 指令格式为：

```
MOV{条件} 目的寄存器，源寄存器
```

MOV 指令可将源寄存器的内容或一个立即数加载到目的寄存器。

指令示例：

```
; 将寄存器 R0 的值加载到寄存器 R1
MOV R1, R0
; 将立即数 1 加载到寄存器 R1
MOV R1, #1
```

C.11　比较指令 CMP

CMP 指令格式为：

```
CMP{条件} 操作数 1，操作数 2
```

CMP 指令用于将一个寄存器的内容和另一个寄存器的内容或立即数进行比较，同时更新 CPSR 中相关条件标志位的值，标志位表示操作数 1 与操作数 2 的关系。

指令示例：

```
; 将寄存器 R1 的值与寄存器 R0 的值相减，
; 并根据结果设置 CPSR 的标志位
CMP R1, R0
; 将寄存器 R1 的值与立即数 100 相减，并根据结果设置 CPSR 的标志位
CMP R1, #100
```

C.12　加法指令 ADD

ADD 指令格式为：

```
ADD{条件}{S} 目的寄存器，操作数 1，操作数 2
```

ADD 指令用于将两个操作数相加，并将结果存放到目的寄存器中。

指令示例：

```
; 将寄存器 R1 中的值与寄存器 R2 中的值相加，结果存入 R0 寄存器
ADD R0, R1, R2
; 将寄存器 R1 中的值加 8，结果存入 R0 寄存器
ADD R0, R1, #8
```

C. 13　减法指令 SUB

SUB 指令格式为：

```
SUB{条件}{S} 目的寄存器，操作数 1，操作数 2
```

SUB 指令用于从操作数 1 的值中减去操作数 2 的值，并将结果存放到目的寄存器中。S 选项决定指令的操作是否影响 CPSR 中条件标志位的值，没有 S 时指令不更新 CPSR 中条件标志位的值。

指令示例：

```
; 将寄存器 R1 中的值减去寄存器 R2 中的值，结果存入 R0 寄存器
SUB R0, R1, R2
; 将寄存器 R1 中的值减 8，结果存入 R0 寄存器
SUB R0, R1, #8
```

C. 14　32 位乘法指令 MUL

MUL 指令格式为：

```
MUL{条件}{S} 目的寄存器，操作数 1，操作数 2
```

MUL 指令用于完成操作数 1 与操作数 2 的乘法运算，并将结果放置到目的寄存器中，同时可以根据运算结果设置 CPSR 中相应的条件标志位。其中，操作数 1 和操作数 2 均为 32 位的有符号数或无符号数。

指令示例：

```
; 将寄存器 R1 中的值与寄存器 R2 中的值相乘，结果存入 R0 寄存器
MUL R0, R1, R2
```

C. 15　逻辑与指令 AND

AND 指令格式为：

```
AND{条件}{S} 目的寄存器, 操作数 1, 操作数 2
```

AND 指令用于在两个操作数上进行逻辑与运算，并将结果放置到目的寄存器中。

指令示例：

```
; 将寄存器 R1 中的值与寄存器 R2 中的值按位做与运算，其结果
; 存入 R0 寄存器
AND R0, R1, R2
; 将寄存器 R1 中的值与立即数 1 按位做与运算，结果存入 R0 寄存器
AND R0, R1, #1
```

C.16　逻辑左移指令 LSL

LSL 指令格式为：

```
LSL 目的寄存器, 操作数 1, 操作数 2
```

LSL 指令用于对源寄存器中的内容进行逻辑左移操作，按操作数或寄存器中的值向左移位，最低位用 0 来填充，结果写入目的寄存器。

指令示例：

```
; 将寄存器 R0 中的值向左移两位，最低位用 0 来填充，结果写入 R0 寄存器
LSL R0, R0, #2
```

C.17　逻辑右移指令 LSR

LSR 指令格式为：

```
LSR 目的寄存器, 操作数 1, 操作数 2
```

LSR 指令用于对源寄存器中的内容进行逻辑右移操作，按操作数或寄存器中的值向右移位，最高位用 0 来填充，结果写入目的寄存器。

指令示例：

```
; 将寄存器 R0 中的值向右移两位，最高位用 0 来填充，结果写入 R0 寄存器
LSR R0, R0, #2
```

C.18　跳转指令 B

B 指令格式为：

```
B LABEL
```

B 指令用于使程序无条件跳转到给定的目标地址处执行，无返回。

指令示例：

```
; 程序无条件跳转到标号 Label 处执行
B Label
```

C.19　不等于时跳转指令 BNE

BNE 指令格式为：

```
BNE LABEL
```

BNE 指令用于检查程序状态寄存器 CPSR，若零标志位 Z 为 0，BNE 立即跳转到指定的目标地址。

指令示例：

```
; 若零标志位 Z 为 0，程序跳转到标号 Label 处执行
BNE Label
```

C.20　有符号数小于或等于时跳转指令 BLE

BLE 指令格式为：

```
BLE LABEL
```

BLE 指令用于检查程序状态寄存器 CPSR，若条件标志位状态满足以下 3 个条件之一，BLE 立即跳转到指定的目标地址：

① Z 为 0；

② 负数标志位 N 为 1 且溢出标志位 V 为 0；

③ N 为 0 且 V 为 1。

指令示例：

```
; 若程序状态寄存器满足条件，程序跳转到标号 Label 处执行
BLE Label
```

C.21　有符号数大于时跳转指令 BGT

BGT 指令格式为：

```
BGT LABEL
```

BGT 指令用于检查程序状态寄存器 CPSR，若条件标志位状态满足以下两个条件之一，BGT 立即跳转到指定的目标地址：

① Z 为 0，且 V 和 N 为 1；

② Z 为 0，且 V 和 N 为 0。

指令示例：

```
；若程序状态寄存器满足条件，程序跳转到标号 Label 处执行
BGT Label
```

C.22　返回指令 RET

RET 指令格式为：

```
RET
```

RET 指令会将链接寄存器中的值传给程序计数器 PC。

指令示例：

```
；程序返回，从链接寄存器保存的位置继续执行
RET
```

C.23　无符号位域提取指令 BFXIL

BFXIL 指令格式为：

```
BFXIL 目的寄存器，源寄存器，操作数 1，操作数 2
```

BFXIL 指令用于从源寄存器的操作数 1 的对应位开始，提取长度为操作数 2 的数据，替换目的寄存器的低位数据，其他高位不改变。

指令示例：

```
；从 R1 寄存器的第 2 位开始，提取 2 位，替换 R0 寄存器的最低 2 位，R0 寄存
；器的其他高位不改变
BFXIL R0, R1, #2, #2
```

附录 D　x86 架构处理器常用指令

D.1　数据传送指令 MOV

MOV 指令格式为：

```
MOV 目的操作数，源操作数
```

MOV 指令将源操作数复制到目的操作数中。
指令示例：

```
; 将寄存器 X2 的值加载到寄存器 X1
MOV X1, X2
```

D.2　自减指令 DEC

DEC 指令格式为：

```
DEC 操作数
```

DEC 指令使寄存器中的值减 1。
指令示例：

```
; 寄存器 X3 的值减 1
DEC X3
```

D.3　加法指令 ADD

ADD 指令格式为：

```
ADD 目的操作数，源操作数
```

ADD 指令将两个操作数相加，并将结果存放到目的操作数中。
指令示例：

```
; 寄存器 X1 的值加 4
ADD X1, 4
```

D.4　PUSH/POP 指令

PUSH/POP 指令格式为:

```
PUSH/POP 操作数
```

PUSH 指令将寄存器中的数据压入栈顶，POP 指令使栈顶数据弹出，存储在指定寄存器中。

指令示例:

```
; 将 EBP 寄存器的值压入栈顶
PUSH EBP
; 将栈顶数值弹出，装入 EBP 寄存器
POP EBP
```

D.5　比较指令 CMP

CMP 指令格式为:

```
CMP 操作数 1, 操作数 2
```

CMP 指令用于将一个寄存器的值和另一个寄存器的值或立即数进行比较，同时更新溢出、符号、0、进位、辅助进位和奇偶标志位。

指令示例:

```
; 将寄存器 X6 中的数据与寄存器 X7 中的数据相减，并根据结果设置标志位，
; 寄存器 X6 和 X7 中的值保持不变
CMP X6, X7
```

D.6　不为零跳转指令 JNZ

JNZ 指令格式为:

```
JNZ LABEL
```

如果在此指令执行之前的操作使得零标志位为 0，即运算结果不为 0，JNZ 指令立即跳转到给定的目标地址。

指令示例:

```
; 若零标志位为 0，程序跳转到标号 Label 处执行
JNZ Label
```